安顺市
灾害性天气研究

王兴菊 等 著

气象出版社
China Meteorological Press

内容简介

安顺地处贵州中部的西南地区,下垫面复杂,对自然灾害的抗御能力较弱。本书对安顺市暴雨、大雾、霜冻、低温冷害等灾害性天气进行了研究。第一部分对地处安顺西部的关岭县MCC(中尺度对流复合体)产生强降水的关键区、MCC 和 MCS(中尺度对流系统)与关岭短时强降水的联系、地形插值、关岭产生强降水的物理量预报指标、关岭暴雨预报概念模型等进行研究。第二部分对安顺市不同等级冷空气变化特征及其对降水的影响进行研究。第三部分主要研究安顺大雾的影响系统、气候特征、大雾的环流分型和预报指标以及安顺市大雾监测预警预报系统的设计与实现。第四部分对安顺近 50 a 霜期特征及其对气温的响应进行研究。

图书在版编目（ＣＩＰ）数据

安顺市灾害性天气研究 / 王兴菊等著. -- 北京 ：
气象出版社，2024.5
ISBN 978-7-5029-8208-9

Ⅰ. ①安… Ⅱ. ①王… Ⅲ. ①灾害性天气－研究－安
顺 Ⅳ. ①P468.273.3

中国国家版本馆CIP数据核字(2024)第108435号

安顺市灾害性天气研究
Anshun Shi Zaihaixing Tianqi Yanjiu
王兴菊　等　著

出版发行：气象出版社

地　　址：北京市海淀区中关村南大街 46 号　　　　　　邮政编码：100081
电　　话：010-68407112(总编室)　010-68408042(发行部)
网　　址：http://www.qxcbs.com　　　　　　　　E - m a i l：qxcbs@cma.gov.cn
责任编辑：邵 华 宋 祎　　　　　　　　　　　　　　终　　审：张 斌
责任校对：张硕杰　　　　　　　　　　　　　　　　　责任技编：赵相宁
封面设计：艺点设计
印　　刷：北京建宏印刷有限公司
开　　本：787 mm×1092 mm　1/16　　　　　　　　印　　张：8.75
字　　数：240 千字
版　　次：2024 年 5 月第 1 版　　　　　　　　　　　印　　次：2024 年 5 月第 1 次印刷
定　　价：58.00 元

编 写 组

王兴菊　刘思洋　胡秋红　徐　晓　郭军成
白　慧　杜正静　蒙　军　王冉熙　李海山
吴　梅　曾　妮　赵　杰　杨　熠　王明欢

前　言

　　安顺市地处贵州中部的西南地区,下垫面复杂,对自然灾害的抗御能力较弱。安顺市的主要灾害性天气有暴雨、大雾、低温冷害、霜冻等。

　　安顺市暴雨天气出现的频率较大,具有降水强度大、降水时段集中、降水范围大的特点。大暴雨会对农业基础设施和人民的生命财产造成严重破坏。安顺市西南部地区是暴雨范围大和频率高的地区,年平均暴雨天数高达5.1 d。暴雨经常由MCC(中尺度对流复合体)产生,其特点是夜雨特征明显、发生迅速、局地性强、过程降水量大,短时强降水特征明显,极易诱发崩塌、滑坡、泥石流等地质灾害以及山洪、中小河流洪水、城乡积水和内涝等次生灾害,故对MCC暴雨的监测、预警、短时预报一直是气象预报服务中的重点和难点。例如,2010年6月28日MCC特大暴雨造成了关岭县岗乌镇的山体滑坡,安顺市经济损失5308万元,死亡42人,失踪57人。2023年6月18日安顺市普定县猫洞村和平坝区乐平乡最大小时降水量超过100 mm,突破建站历史纪录,引发了严重的内涝积水,给人民财产造成重大损失。

　　由于特殊的地理环境,安顺市也属于大雾高发的区域。近年来,随着安顺市经济的迅速发展,多条高速公路建成通车,大雾对高速公路的交通安全影响更加突出。由于大雾常使水平能见度变差,视野模糊不清,特别是连续数天出现大雾,使水平能见度降到只有几十米甚至几米,对行驶中的车辆安全,尤其是对高速行驶车辆的安全带来极大的影响,还常常因此导致交通事故,给国家和人民生命财产造成严重损失。2012年11月17日

09 时，沪昆高速安顺市云峰服务区附近路段因浓雾天气，能见度较低，导致双向车道大约 1 km 范围内发生多起车辆追尾事故，其中安顺至贵阳方向 25 辆车相撞，贵阳至安顺方向 11 辆车相撞，其中一辆车当场起火燃烧。事故共造成 9 人死亡，有 19 人不同程度受伤。

本书对安顺市暴雨、大雾、霜冻、低温冷害等灾害性天气进行研究。第一部分研究贵州省及安顺市的 MCC 暴雨；第二部分研究低温雨雪和安顺市冷空气变化特征及其对降水的影响；第三部分研究安顺市大雾的主要影响系统、气候特征、环流分型、预报指标，并介绍安顺市大雾监测预警预报系统的设计与实现；第四部分研究安顺近 50 a 霜期特征及其对气温的响应。

作者
2024 年 3 月

目　录

前言

第四部分 霜冻

第一部分

MCC 暴雨

MCC 暴雨天气概述

安顺市地处贵州省中部的西南地区,下垫面复杂,地形地貌特征多样化。由于其特殊的地理位置和大气环流等因素影响,形成了安顺独有的天气气候特征。其夏季西南季风活跃,多暴雨天气过程。

对 1981 年 5 月—2023 年 6 月贵州省国家气象站暴雨次数进行统计发现,安顺市的关岭、镇宁、普定等地是贵州省强降水中心,关岭国家观测站共出现了 165 次暴雨,暴雨次数排贵州省第七位,镇宁共出现大暴雨 43 次,排位贵州省第一。

影响安顺的对流云系多起源于毕节威宁附近,时间一般为 17—20 时,通常在 23 时以后发展加强为 MCC(中尺度对流复合体)或者 MCS(中尺度对流系统),云顶最低亮温在 −90～−70 ℃,并伴随有很强的短时强降水,其特点是夜雨特征明显、发生迅速、局地性强,极易诱发崩塌、滑坡、泥石流等地质灾害以及山洪、中小河流洪水、城乡积水和内涝等次生灾害。例如,2014 年 6 月 3 日平坝城区、2019 年 6 月 12 日安顺城区最大小时降水量都超过 80 mm,2023 年 6 月 18 日安顺市普定县猫洞村和安顺市平坝区乐平乡最大小时降水量超过 100 mm,突破建站历史纪录,引发了严重的内涝积水,给人民财产造成重大损失。

暴雨属于安顺市高影响灾害性天气,希望该书的 MCC 暴雨部分能够为安顺市暴雨预警预报准确率的提高和基础研究提供一定的参考。

2015 年 6 月 MCC 造成的贵州大暴雨过程分析

王兴菊[1]　罗喜平[2]　李启芬[1]　吴哲红[1]　冯新建[1]　杜正静[3]

(1. 安顺市气象局,安顺,561000;2. 贵州省气象台,贵阳,5500024;

3. 贵州省气象服务中心,贵阳,550002)

摘　要: 利用自动气象站观测资料、探空资料及美国国家环境预报中心(NCEP)再分析资料,对 2015 年 6 月的 4 次 MCC(中尺度对流复合体)造成的贵州大暴雨过程进行分析。2014 年 10 月—2015 年 5 月,赤道东太平洋的平均海温距平都在 0.5 ℃以上,为一次厄尔尼诺事件。受其影响,2015 年 6 月中上旬,长江中下游到贵州降水量较常年都明显偏多。由于 6 月中上旬长江横切变长期维持,其西段尤其是湖南境内的降水云系带动了黔东南对流云系的发展,与来自贵州西部的对流云系发展为 MCC,造成了“6·8”“6·18”“6·21”3 次大暴雨过程;受毕节赫章的单核对流云团影响造成了“6·7”暴雨过程;其中 3 次大暴雨过程中主关键区与传统的贵州 MCC 暴雨过程相比发生了明显改变,暴雨过程中主关键区变为黔南、黔东南,安顺、黔西南为次关键区。4 次 MCC 暴雨过程都是在暴雨发生当日的下午在毕节赫章有对流云系发展加强最后演变为 MCC 云系,后 3 次 MCC 还受长江横切变西段的暴雨云系影响。4 次暴雨过程的 MPV1 在贵州西部地区对流层高层都有正的大值区对应着对流层低层负值中心,引导低层的不稳定能量大大释放,促使对流不稳定快速发展。这种 MPV1“正负值区垂直迭加”的配置有利于暴雨的发生发展。

关键词: 厄尔尼诺,长江横切变,MCC,TBB,湿位涡

引言

自 1980 年 Maddox[1]发现 MCC 以来,MCC 的研究得到了气象工作者的极大关注。Maddox[2]发现美国中西部许多地区暖季中的大量降水,是由这种长生命史的对流系统产生的,MCC 常在弱的地面锋附近有明显的南风低空急流输送暖湿空气的区域生成,往往与对流层中层向东移动的短波槽相联系,短波槽东南方相当大的区域中大气呈条件不稳定状态,主要的强迫因子是对流层低层的暖湿平流,高层则位于西风急流的反气旋一侧。我国气象研究人员也对中国大陆上的 MCC 进行了大量研究[3],在 MCC 的起源地研究上,李玉兰等[4]利用间隔 6 h 的增强显示卫星云图,普查了 1983—1986 年 4—9 月我国西南、华南地区的 MCC 活动,发现生成地区基本集中在 105°—109°E、23°—28°N;项续康等[5]也发现 103°—108°E、25°—31°N 区域是我国南方 MCC 的主要生成地,其原因可能与特殊的地形有关;段旭等[6]利用 20 a 的卫星红外云图资料分析了 MCC 的统计特征,发现 MCC 多发生在低纬高原东部的滇黔和中国、越南之间。在 MCC 成因研究上,主要集中在长江中下游和华南地区[7-12],而在 MCC 多发地的云贵高原却研究得较少。段旭等[13]认为,低纬高原处于副热带高压(简称副高)的西侧及受云

贵高原地形的作用,MCC发生的环境条件与其他地区有明显的差异;许美玲等[14]对发生在滇桂交界地区的1次MCC发生发展机制进行了分析,表明低层的增暖增湿,高层的干冷空气入侵,形成了强的对流不稳定区,中尺度扰动及低空偏南气流在地面静止锋上被迫抬升,是MCC生成的主要机制。

本文使用自动气象站观测资料、NCEP再分析资料、TBB资料,选取了2015年6月7日、2015年6月8日、2015年6月18日和2015年6月21日(简称"6·7""6·8""6·18""6·21")4次贵州大暴雨过程进行分析,初步探讨MCC对贵州暴雨的影响。

1 过程实况特点

过程实况特点有范围大。"6·7"的MCC诱发的强降水落区在贵州西部,后3次强降水落区在贵州中南部地区。"6·7"出现大暴雨19站,暴雨206站,大雨365站(图1a);"6·8"出现特大暴雨13站,大暴雨95站,大雨826站(图1b);"6·18"出现特大暴雨1站,大暴雨114站,大雨473站(图1c);"6·21"出现大暴雨46站,大雨751站(图1d)。4次降水过程均达到了大暴雨的量级,其中"6·8"和"6·18"达到特大暴雨量级。

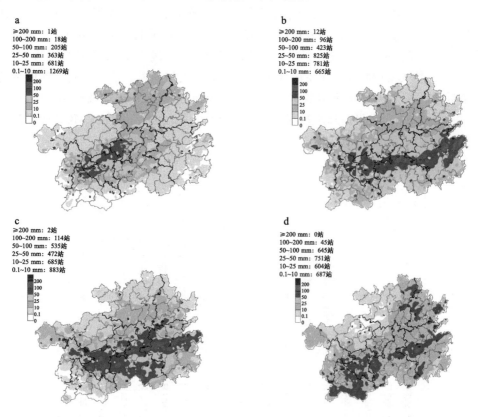

图1 2015年贵州省4次暴雨过程24 h降水量分布图(填色,单位:mm)

(a)2015年6月6日20时—7日20时;(b)2015年6月7日20时—8日20时;

(c)2015年6月17日20时—18日20时;(d)2015年6月20日20时—21日20时

暴雨关键区发生明显变化。2015年6月的后3次MCC过程强降水落区与过去的个例有明显改变。罗喜平等的课题"西南山地夏季中尺度对流复合体",研究制作了贵州25次MCC暴雨过程的累计降水量图,发现在MCC影响下强降水主关键区在贵州西南部(黔西南、安顺),次关键区为黔东南。2015年6月的4次降水过程中,除了"6·7"大暴雨过程落区在贵州中西部地区外,"6·8""6·18""6·21"3次降水过程中主关键区变为黔南、黔东南,安顺、黔西南为次关键区,尤其是黔东南,后3次降水过程中都是大暴雨中心。

2 气候环流背景分析

中国气象局ENSO监测小组[15]以赤道东太平洋0°—10°S、180°—90°W海域月平均海温距平≥0.5℃或≤−0.5℃为指标,每次长度至少半年,其中允许1个月中断,定义为一次厄尔尼诺或反厄尔尼诺事件。从2014年1月—2015年5月赤道东太平洋的平均海温距平时序图来看(图2),从2014年3月开始,赤道东太平洋的平均海温变为正距平,并逐步增大,到2014年7月达到0.5℃,8~9月略有减小,从2014年10月开始又上升到0.5℃以上,并一直持续,2015年5月达到0.95℃,已经达到1次厄尔尼诺事件的标准。对于厄尔尼诺(或反厄尔尼诺)事件,国家气候中心官方微信公众号对厄尔尼诺现象发布的文章提到:"当前厄尔尼诺现象已达中等以上强度,其预测未来将发展成为强厄尔尼诺现象,并将持续到冬季。"

受厄尔尼诺事件的影响,2015年进入汛期以来我国南方遭受了13次暴雨过程袭击,特别是进入6月后,特大暴雨在长江中下游地区和西南地区更加明显。从贵州到长江中下游地区存在一条明显的多雨带,降水量偏多50~200 mm,贵州除西部、北部边缘地区以外,多数地区偏多了20~200 mm。贵州强降水过程明显多于常年,仅6月中上旬,由MCC产生的强降水过程就发生了4次。

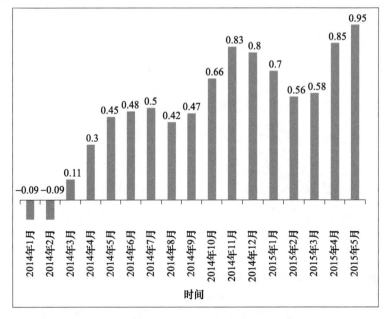

图2　2014年1月—2015年5月赤道东太平洋平均海温距平(蓝色柱,单位:℃)时序图

3 副高和长江横切变对降水的影响

6月1—20日500 hPa平均位势高度图上(图3),中高纬呈一槽一脊形势,中低纬地区以纬向环流为主,多小波动东移,贵州受槽前西南气流影响,西太平洋副热带高压(简称副高)西伸脊点位于110°E附近,低纬度地区盛行高压环流,副高比常年偏强,整个低纬地区都为正距平,在20°—30°N、110°—120°E附近存在40 gpm的正距平中心,东亚大槽也偏强,在30°—50°N、100°—120°E附近存在-60 gpm的负距平中心,在20°—30°N、60°—70°E附近有一个深度接近10个纬距的槽,比常年偏深5~10 gpm。来自北方的冷空气与副高西北侧的暖湿西南气流交汇于贵州、长江中下游一带,造成了6月1—20日贵州4次MCC大暴雨天气过程和长江中下游一带的多次强降水。

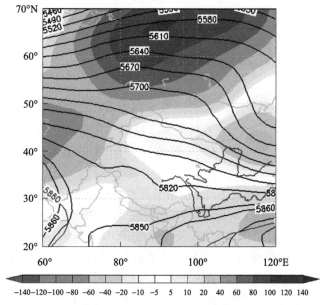

图3 2015年6月1—20日500 hPa高度场(线条,单位:gpm)
和高度距平(填色,单位:gpm)

700 hPa(图4a)贵州到长江中下游一带受副高外围的西南气流影响,贵州、湖南、江西一带有12 m·s⁻¹的西南急流存在,长江中下游存在明显的横切变。850 hPa(图4b)上贵州东部到长江中下游地区受一致的西南气流影响,贵州省的黔东南、广西、湖南南部、江西南部有12 m·s⁻¹的西南急流,长江横切变位于贵州、湖南、湖北、江西北部。来自北方的西北气流偏弱,造成冷暖空气的交汇带一直位于贵州和长江中下游地区,造成了6月1—20日贵州4次MCC大暴雨过程。

由于6月中上旬长江横切变长期维持,受其西段影响背景下,贵州尤其是黔东南降水明显多于常年,其中长江横切变西段的降水云系尤其是湖南境内的降水云系带动了黔东南对流云系的发展,造成了"6·8""6·18""6·21"3次MCC大暴雨过程中贵州的强降水中心都在黔东南。

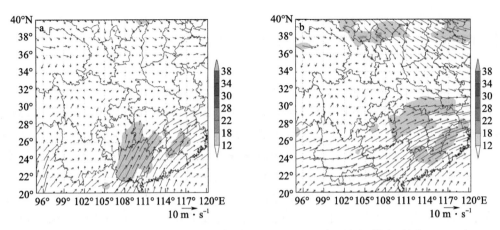

图4 贵州省2015年6月1—20日风向(箭头)≥12 m·s⁻¹和风速(填色,单位:m·s⁻¹)
(a)700 hPa;(b)850 hPa

4 4次MCC的卫星云图演变特征

取卫星红外云图上云顶亮温TBB≤−32 ℃云团为MCS(中尺度对流系统),满足−32 ℃以下的云罩面积在10万km²,且−53 ℃以下云罩面积在5万km²以上,维持6 h以上的暴雨云团为MCC。MCS定义TBB≤−32 ℃的连续冷云盖的直径≥20 km的中尺度对流系统[16-17]。

"6·7"暴雨过程中,6日14时(图5a)在毕节赫章有对流云团生成,并逐步向纳雍、水城一带移动,影响范围不断扩大,到18时已经影响安顺、关岭一带,到21时该对流云团基本已经覆盖整个西部地区,但对流中心仍然在关岭,云顶亮温TBB中心值达到210 K(−63 ℃)。到7日01时−32 ℃以下云罩面积接近10万km²左右(图5b),已经达到了MCC的标准,02时对流云系已经覆盖了除东部边缘以外的贵州大部地区(图5c),贵阳、安顺、黔南对应的云顶亮温TBB均高于232 K(−41 ℃),并维持到06时,07—08时开始减弱,09时之后不再具备MCC的特征。此次MCC具备了过去大部分影响贵州的MCC的特点:云系起源于毕节赫章的单核对流云团,并在贵州西部发展加强最后在黔西南北部、安顺、贵阳等地产生强降水,安顺关岭为强降水中心,对流云团的偏心率大,最强时接近1.0。

"6·8"暴雨过程中,7日19时(图5d)贵州西部毕节赫章有对流云团生成,在湖南常德有云顶亮温TBB中心值达到214 K(−59 ℃)的对流云团,对流云团在南压的过程中,对流云团西段在湖南和贵州交界处分裂出小块对流云系,到21时丹寨有对流云系生成,西部的对流云系也发展到了水城一带,中心值达到232 K(−41 ℃);到8日00时(图5e)贵州西部的对流云团已经发展为椭圆型,基本具备了MCC的特征,东部的多个小对流云团已经发展为一条带状云系,8日01—03时两段云系逐步合并为一个对流云团,基本覆盖了整个贵州,04—06时MCC发展到最强,强中心逐步向黔东南方向移动,07时以后椭圆形的对流云系逐步变成带状云系。8日05时(图5f)开始贵州境内的云系逐步与南压的长江横切变云系连在一起,并在黔东南维持到8日12时左右,造成了黔东南的特大暴雨。

"6·17"暴雨过程中,17日16时(图5g)在贵州西部毕节赫章有对流云团生成,此时长江中下游地区有接近10个纬距的宽云带存在,云团TBB中心值接近214 K(−59 ℃),位于湖南、湖北、江苏一带,受云带西段衍生的对流云系影响,铜仁南部到黔东南北部也有对流云系生成,17—21时,东西两个对流云团不断发展加强,到21时,两个对流云团TBB中心值都达到214 K(−59 ℃),形成了两个β中尺度的椭圆形对流云团,位于黔东南一带的对流云团已经与长江中下游的对流云系连在一起。到22时,东西两个对流云团开始合并,与长江中下游云系打通,形成了近20个经距的对流云带,01时(图5h)贵州境内的两个对流云团合并为一个椭圆形云团,达到MCC标准。02—05时(图5i)对流云团发展到最强,中心值达到196 K(−77 ℃),强中心开始从安顺关岭一带向黔东南移动,09时以后对流云系减弱为带状云系,不再具备MCC特点。

"6·20"暴雨过程中,20日15时(图5j)在贵州毕节赫章和重庆境内都有对流云团生成,到15—16时,贵州西部对流云团向南发展,重庆境内云系向贵州东部发展,在黔东南黄平一带也有对流云系发展。17时贵州西部对流云系发展到织金、黔西,中心值达到214 K(−59 ℃),贵州东部的对流云团发展到了开阳、息烽一带。18时(图5k)两个对流云团发展到安顺平坝附近,基本上合并为一个对流云团,长江中下游地区安徽、湖北、湖南、重庆有对流云带维持发展,在南压过程中带动了贵州东部云系的发展。20时,两个对流云团在贵州境内合并为一个,在贵州形成一个东北、西南向的带状云系,21时贵州境内的带状云系逐步发展为椭圆形云系,中心值达到196 K(−77 ℃),20时−32 ℃以下的面积达到133978 m²,−52 ℃以下的面积达到112425 m²,达到MCC标准。20日21时—21日01时(图5l),位于贵州的对流云团逐步向椭圆形发展,中心值196 K(−77 ℃)一直位于安顺关岭附近,偏心率逐步变大,最强时达到0.88。21日06时之后对流云团中心开始向贵州省的东南部发展,07时之后MCC对流云团偏心率变小,发展为带状云系,并在黔东南境内维持到16时左右。

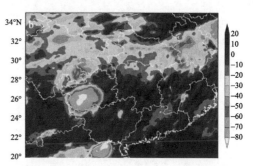

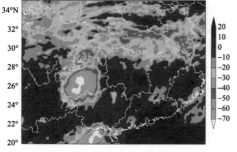

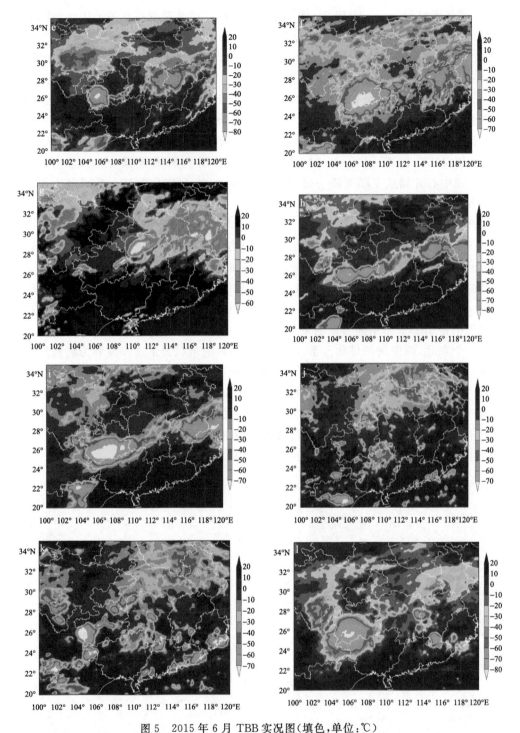

图5　2015年6月TBB实况图(填色,单位:℃)

(a)6日14时;(b)7日01时;(c)7日02时;(d)7日19时;(e)8日00时;(f)8日05时;(g)17日17时;

(h)18日00时;(i)18日03时;(j)20日15时;(k)20日18时;(l)21日01时

在此次对流云团生成到发展为MCC的过程中,TBB强中心在安顺、黔西南北部、黔南东部,西部的短时强降水比东部明显,东部由于降水时间长,所以过程总降水量比西部大。

4次MCC暴雨过程的共同点:都是在暴雨发生当日的下午在毕节赫章有对流云系发展加强,最后演变为MCC云系,并逐步影响安顺、黔西南、黔南、黔东南地区。不同点:"6·7"MCC具备了过去大部分影响贵州的MCC的特点,云系起源于毕节赫章的单核对流云团,并在贵州西部发展加强最后在黔西南北部、安顺、贵阳等地产生强降水,安顺关岭为强降水中心,对流云团的偏心率大,最强时接近1.0。后3次MCC暴雨过程除了来自于贵州西部的对流云系,长江横切边西段的降水云系尤其是湖南境内的降水云系也带动了黔东南对流云系的发展,造成了"6·8""6·18""6·21"3次MCC大暴雨过程中贵州的强降水中心都在黔东南。

5 湿位涡及倾斜涡度发展理论

在P坐标下忽略ω的水平变化有:

$$MPV = -g(\zeta_p + f) \tag{1}$$

将其写成分量形式,有:

$$MPV1 = -g(\zeta_p + f)\frac{\partial \theta_{se}}{\partial p} \tag{2}$$

$$MPV2 = g\frac{\partial v \partial \theta_{se}}{\partial p \partial x} - g\frac{\partial u \partial \theta_{se}}{\partial p \partial y} \tag{3}$$

式中,MPV1为湿位涡的垂直分量(正压项),其值取决于空气块绝对涡度的垂直分量和相当位温垂直梯度的乘积(ζ_p是垂直方向涡度,f是地转涡度,θ_{se}是相当位温),因为绝对涡度是正值,当大气为对流不稳定时,$\frac{\partial \theta_{se}}{\partial p} > 0$,所以MPV1 < 0,若大气为对流稳定时,则$\frac{\partial \theta_{se}}{\partial x} < 0$,MPV1 > 0;MPV2是湿位涡的水平分量(斜压项),它的数值由风的垂直切变(水平涡度)和的水平梯度决定,表征大气的湿斜压性,湿位涡单位(PVU)是10^{-6} m^{-2}·s^{-1}·kg^{-1}[18]。

由于MPV1比MPV2要大一个量级,本文中只对MPV1进行分析,由于MCC一般在夜间发展最强,所以选取夜间02时的MPV1进行分析。从暴雨中心沿26°N处MPV1的经向剖面图中看到,6月7日02时500 hPa以下为负值区(图6a),为对流不稳定区,在99°—111°E有一个−80 PVU的负值中心,位于850 hPa附近。在贵州上空400~500 hPa有20 PVU的正值中心。6月8日02时550 hPa以下为负值区(图6b),在96°—111°E有一个−70 PVU的负值中心,位于850 hPa附近。在贵州西部上空600 hPa以上有40 PVU的正值中心,对流不稳定区比6月7日要大。6月18日02时500 hPa以下也为负值区(图6c),在96°—108°E有一个−70 PVU的负值中心,−60 PVU的负值中心上升到700 hPa附近。在贵州西部上空600 hPa以上有30 PVU的正值中心。6月21日02时(图6d)500 hPa以下也为负值区,在96°—105°E有一个−60 PVU的负值中心,−50 PVU的负值中心上升到700 hPa附近。在贵州西部上空600 hPa以上有10 PVU的正值中心[19]。

从4次暴雨过程的MPV1分析来看,从500 hPa向下都有一漏斗形高湿位涡区伸展,表明对流层高层为对流稳定区,冷空气向下入侵,低层都有−60 PVU的负值中心。前3次过程中,在贵州西部地区对流层高层都有正的大值区对应着对流层低层负值中心,引导低层的不稳定能量大大释放,促使对流不稳定快速发展。这种MPV1正负值区垂直迭加的配置有利于暴雨的发生发展。

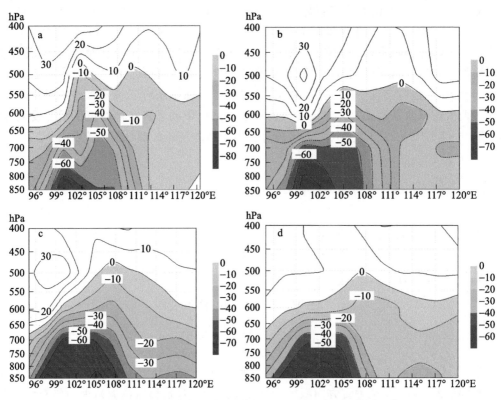

图6　MPV1(线条＋填色,单位:PVU)沿26°N经向剖面图
(a)2015年6月7日02时;(b)2015年6月8日02时;
(c)2015年6月18日02时;(d)2015年6月21日02时

6 结论

(1)"6·8""6·18""6·21"3次降水过程中主关键区与传统的贵州MCC降水过程相比发生了明显改变,降水过程中主关键区变为黔南、黔东南,安顺、黔西南为次关键区。

(2)从2014年10月开始,赤道东太平洋的平均海温距平都在0.5℃以上,为一次厄尔尼诺事件,受其影响,2010年6月中上旬,长江中下游到贵州降水较常年都明显偏多。

(3)由于6月中上旬长江横切变长期维持,长江横切变西段的降水云系尤其是湖南境内的降水云系带动了黔东南对流云系的发展,与来自贵州西部的对流云系共同发展为MCC,造成了"6·8""6·18""6·21"3次大暴雨过程。

(4)4次MCC暴雨过程都是在暴雨发生当日的下午在毕节赫章有对流云系发展加强最后演变为MCC云系,"6·7"MCC只受毕节赫章的单核对流云团影响,后面3个MCC还受长江横切变西段的降水云系影响。

(5)4次暴雨过程的MPV1在贵州西部地区对流层高层都有正的大值区对应着对流层低层负值中心,引导低层的不稳定能量大大释放,促使对流不稳定快速发展。这种MPV1"正负值区垂直迭加"的配置有利于暴雨的发生发展。

参考文献

[1] MADDOX R A. Mesoscale convective complexes[J]. Bulletin of the American Meteorological Society, 1980,61(11):1374-1387.

[2] MADDOX R A. Large-scale meteorological conditions as-sociated with midlatitude mesoscale convective complexes[J]. Mon Wea Rev,1983,111(7):1475-1493.

[3] 江吉喜,叶惠明. 我国中尺度α对流性云团的分析[J]. 中国气象科学研究院院刊,1986,1(2):133-141.

[4] 李玉兰,王婧嫆,郑新江,等. 我国西南-华南地区中尺度对流复合体(MCC)的研究[J]. 大气科学,1989,13(4):417-422.

[5] 项续康,江吉喜. 我国南方地区的中尺度对流复合体[J]. 应用气象学报,1995,6(1):9-17.

[6] 段旭,张秀年,许美玲. 云南及周边地区中尺度对流系统时空分布特征[J]. 气象学报,2004,62(2):243-250.

[7] 覃丹宇,江吉喜,方宗义,等. MCC和一般暴雨云团发生发展的物理条件差异[J]. 应用气象学报,2004,15(5):590-600.

[8] 井喜,井宇,李明娟,等. 淮河流域一次MCC的环境流场及动力分析[J]. 高原气象,2008,27(2):349-357.

[9] 姬菊枝,王开宇,方丽娟,等. 东北地区中北部的一次区域暴雨天气——中尺度对流复合体特征分析[J]. 自然灾害学报,2009,18(2):101-106.

[10] 杨晓霞,王建国,杨学斌,等. 2007年7月18—19日山东省大暴雨天气分析[J]. 气象,2008,34(4):61-70.

[11] 刘峰,李萍. 华南一次典型MCC过程的成因及天气分析[J]. 气象,2007,33(5):77-82.

[12] 康凤琴,肖稳安,顾松山. 中国大陆中尺度对流复合体的环境场演变特征[J]. 南京气象学院学报,1999,22(4):720-724.

[13] 段旭,李英. 低纬高原地区一次中尺度对流复合体个例研究[J]. 大气科学,2001,25(5):676-682.

[14] 许美玲,段旭,施晓辉,等. 突发性暴雨的中尺度对流复合体环境条件的个例分析[J]. 大气科学,2003,23(1):84-91.

[15] ENSO监测小组. 厄尔尼诺事件的划分标准和指数[J]. 气象,1989,15(3):37-38.

[16] 寿绍文,励申申,寿亦萱,等. 中尺度气象学[M]. 北京:气象出版社,2003.

[17] 伍红雨. 贵州一次大暴雨过程的中尺度数值模拟与诊断分析[J]. 暴雨灾害,2007,26(4):361-368.

[18] 张润琼,刘艳雯,沈桐立. 贵州大暴雨的湿位涡诊断分析[J]. 灾害学,2007,22(4):6-11.

[19] 王兴菊,白慧,杨忠明,等. 贵州省一次连续性暴雨的湿位涡诊断分析[J]. 贵州气象,2012,36(2):11-16.

MCC 对贵州西部暴雨的影响

王兴菊[1]　罗喜平[2]　吴哲红[1]　王明欢[3]　周文钰[1]　杜正静[4]　胡秋红[1]

(1. 安顺市气象局,安顺,561000;2. 贵州省气象台,贵阳,550002;

3. 华中区域数值预报中心,武汉,430074;4. 贵州省气象服务中心,贵阳,550002)

摘　要:利用自动气象站观测资料、探空资料及美国国家环境预报中心(NCEP)再分析资料,对"10·6""12·5""14·6"3次贵州西部暴雨天气过程进行对比分析。结果表明,贵州西部地区出现的 MCC(中尺度对流复合体),主要发生在西太平洋副热带高压外围的槽前西南气流中。副高比较强盛,在850~500 hPa有明显的高压体存在,降水发生后次日没有显著负变温,属于局地锋生。MCC 对流云团产生的降水强度与云团的偏心率和冷云顶面积有很好的对应关系,强降水时段发生在对流云团发展旺盛的阶段。与周围环境明显的海拔高度差和温度差造成的热力差异,造成了贵州西部地区的中尺度风场辐合线,使得影响贵州的 MCC 总是在这里触发并发展增强,并带来强降水。3次暴雨过程中,贵州中西部的 θ_{se} 等值线都非常密集,上升气流都非常明显,中层 θ_{se} 分布呈漏斗状分布,有利于对流性天气发生。3次暴雨过程中,贵州中西部地区都有水汽通量散度辐合中心存在,充足的水汽输送为 MCC 发生、发展提供了良好的水汽条件。

关键词:特大暴雨,高空槽,MCC,TBB,假相当位温

引言

自 1980 年 Maddox[1] 发现中尺度对流复合体(MCC)以来,MCC 的研究得到了气象工作者的极大关注。Maddox[1] 发现美国中西部许多地区暖季中的大量降水,是由这种长生命史的对流系统产生的,Maddox 提出[2] MCC 常在弱的地面锋附近有明显的南风低空急流输送暖湿空气的区域生成,往往与对流层中层向东移动的短波槽相联系,这个短波槽东南方相当大的区域中大气呈条件不稳定状态,主要的强迫因子是对流层低层的暖湿平流,高层则位于西风急流的反气旋一侧[3]。我国气象研究人员也对中国大陆上的 MCC 进行了大量研究,在 MCC 的起源地研究上,李玉兰等[4] 利用间隔 6 h 的增强显示卫星云图,普查了 1983—1986 年 4—9 月我国西南、华南地区的 MCC 活动,发现生成地区基本集中在 105°—109°E、23°—28°N 这一地区;项续康等[5] 也发现 103°—108°E、25°—31°N 区域是我国南方地区 MCC 的主要生成地,其原因可能与特殊的地形有关;段旭等[6] 利用 20 多年的红外云图资料分析了 MCC 的统计特征,发现 MCC 多发生在低纬高原东部的滇黔和中越之间。在 MCC 成因研究上,主要集中在长江中下游和华南地区较多[7-12],而在 MCC 多发地的云贵高原却研究得较少,段旭等[13] 认为,低纬高原处于副热带高压的西侧及云贵高原地形的作用,MCC 发生的环境条件与其他地区有明显的差异;许美玲等[14] 对发生在滇桂交界地区的一次 MCC 发生发展机制进行了分析,表明低层

的增暖增湿，高层的干冷空气入侵，形成了强的对流不稳定区，中尺度扰动及低空偏南气流在地面静止锋上被迫抬升，是MCC生成的主要机制[15]。

本文统计分析了2008—2014年夏季在贵州西部共发生的13次MCC暴雨天气过程，发现500 hPa基本上都为高空槽前西南气流影响，850～700 hPa在贵州中北部或中西部有明显的切变，并有明显的西南急流。副高比较强盛，在850～500 hPa有明显的高压体存在。地面受热低压影响，中心一般位于云南，在降水过程中热低压发展增强，一般在02时发展增强，冷空气不明显，降水发生后次日没有显著负变温，属于局地锋生。

本文使用自动气象站观测资料、NCEP再分析资料、TBB资料，选取了2010年6月28日、2012年5月22日和2014年6月20日贵州西部3次特大暴雨过程进行对比分析，初步探讨MCC对贵州西部暴雨的影响。

1 个例简介

2010年6月27日20时—28日20时（简称"10·6"过程）、2012年5月21日20时—22日20时（简称"12·5"过程）、2014年6月19日20时—20日20时（简称"14·6"过程）贵州西部都产生了特大暴雨过程，都造成了比较严重的洪涝灾害。3次暴雨过程降水量和灾情概况见表1、图1。

表1　3次暴雨过程降水量和灾情概况

个例	降水量	降水位置	灾情概况
"10·6"	4县及67乡镇降水量超过100 mm，其中，1县及15乡镇超过150 mm，5乡镇200 mm，1乡镇300 mm（出现在晴隆县中营镇）	黔西南、安顺、六盘水、黔南	死亡42人，失踪57人
"12·5"	2乡镇特大暴雨（织金桂果212.3 mm、盘县板桥208 mm），3县69乡镇大暴雨，16县303乡镇暴雨	毕节、六盘水、黔西南、安顺、贵阳、黔南	死亡5人，农作物受灾6900 hm²
"14·6"	3乡镇特大暴雨（黔西南孔明249 mm、水秧211 mm、安顺新场215 mm），3县152乡镇大暴雨，17县429乡镇暴雨	贵阳、遵义、铜仁、六盘水、黔南、黔西南	死亡4人，直接经济损失5.1亿元

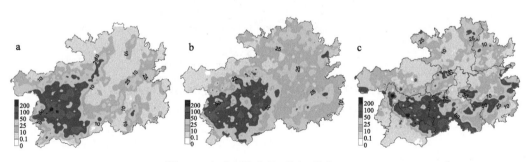

图1　3次过程降水量（填色，单位：mm）

(a)2010年6月27日20时—29日20时；(b)2012年5月21日20时—22日20时；

(c)2014年6月19日20时—20日20时

2 500 hPa 环流形势分析

"10·6"过程(图 2a):6 月 27 日 08 时,500 hPa 环流为两脊一槽型,副高位置偏南偏西,乌拉尔山地区为阻塞高压控制,巴尔喀什湖到贝加尔湖为宽广的低压槽区,贝加尔湖东面为另一个高压区,在四川盆地到贵州西部有一小槽。贵州受槽前西南气流影响。副高强盛,西伸脊点达到 107°E 附近,南支槽深度接近 10 个纬距。

"12·5"过程(图 2b):500 hPa 欧亚中高纬为"两槽一脊"环流形势,两长波槽分别位于巴尔喀什湖以南和我国中东部地区,高压脊位于我国的内蒙古一带,贵州主要受南支孟加拉湾槽前西南气流影响。中低纬地区高压环流明显,从贵州南部到中国海南一带都为高压环流控制,南支槽深度接近 5 个纬距。

"14·6"过程(图 2c):500 hPa 欧亚中高纬为"两槽一脊"环流形势,两长波槽分别位于蒙古国和我国东部地区,高空槽位于河套东部到四川南部,贵州受槽前偏西气流影响。中低纬地区高压环流明显,整个贵州到中国海南一带都为高压环流控制,南支槽深度接近 10 个纬距。

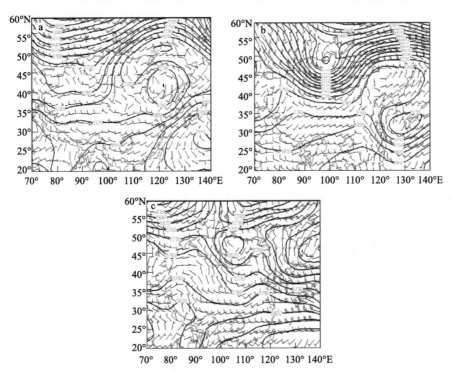

图 2 500 hPa 高度场(线条,单位:gpm)和风场(风羽,单位:m·s^{-1})

(a)2010 年 6 月 27 日 08 时;(b)2012 年 5 月 21 日 08 时;(c)2014 年 6 月 19 日 08 时

3 对流的生成区

取卫星云图上云顶亮温 TBB≤−32 ℃云团为 MCS(中尺度对流系统),满足−32 ℃以下的云罩面积在 10 万 km²,且−53 ℃以下云罩面积在 5 万 km² 以上,维持 6 h 以上的暴雨云团定义为 MCC。MCS 定义为 TBB≤−32 ℃ 的连续冷云盖的直径≥20 km 的对流系统[16-17]。

3 次暴雨过程发生前,都在贵州省毕节赫章附近生成椭圆形云团(图 3),其中"10·6"过程中对流云团生成于 27 日 19 时,中心值 TBB≤−32 ℃,连续冷云盖的直径为 30 km。"12·5"过程中 21 日 16 时红外云图 TBB 中心值达到−68 ℃,冷云盖的直径为 115 km,面积 9147 km²。"14·6"过程中 19 日 14 时红外云图 TBB 中心值达到−89 ℃,冷云盖的直径为 215 km 的,面积 6618 km²。3 次暴雨个例的触发区都在毕节威宁附近,对流云团生成时都达到 MCS 的标准。对流的触发时间一般在 14—19 时。

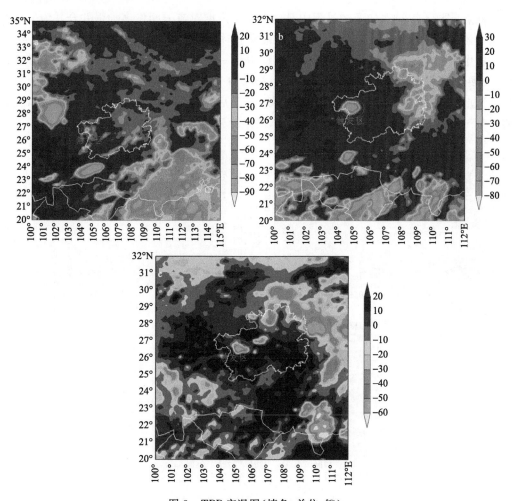

图 3　TBB 实况图(填色,单位:℃)
(a)2010 年 6 月 27 日 19 时;(b)2012 年 5 月 21 日 16 时;(c)2014 年 6 月 19 日 14 时

4　对流的发展

表 2 给出这 3 个 MCC 发生的日期、生命史、最强盛时刻及其对应的−32 ℃冷云顶面积、

偏心率。通过对表 2 的分析可以看出,这 3 次 MCC 共同点:生命史是 7~8 h,发展最强盛的时间段在夜间 03—04 时,发展最强盛时刻-32 ℃冷云顶面积都超过了 20 万 km²,-52 ℃冷云顶面积都超过了 15 万 km²。

表 2　3 次暴雨过程中的 MCC 概况

序号	日期	MCC 生命史	MCC 最强盛时间	偏心率	-32 ℃冷云顶面积/km²	-52 ℃冷云顶面积/km²
1	2010 年 6 月 28 日	01—08 时	03 时	0.63	232031	171200
2	2012 年 5 月 22 日	21 日 23 时—22 日 07 时	22 日 03 时	0.83	230229	151153
3	2014 年 6 月 20 日	19 日 23 时—20 日 06 时	20 日 04 时	0.97	333838	232157

不同点(图 4、表 2):"10·6"过程中是由两个中尺度对流云团发展加强并合并为一个双核的对流云团,所以偏心率较小,为 0.63,发展最强盛时刻-32 ℃冷云顶面积为 232031 km²,最强冷云核中心温度达到-80 ℃。"12·5"过程中是一个比较完整的单核的 MCC,偏心率达到 0.83,发展最强盛时刻-32 ℃冷云顶面积为 230229 km²,最强冷云核中心温度达到-80 ℃。"14·6"过程中是由多个对流云团引发列车效应,最后合并为 MCC,偏心率达到 0.97,发展最强盛时刻-32 ℃冷云顶面积为 333838 km²,最强冷云核中心温度为-70 ℃。

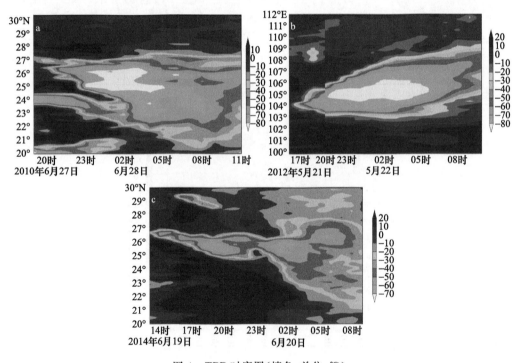

图 4　TBB 时序图(填色,单位:℃)
(a)2010 年 6 月 27—28 日;(b)2012 年 5 月 21—22 日;(c)2014 年 6 月 19—20 日

5　MCC 的发展与雨强的关系

图 5 给出这 3 次降水过程 20 时至次日 07 时的小时最大降水量、>50 mm 的站数、>25 mm

的站数。3次过程中最强降水时段基本上都在当日22时到次日04时,最大小时降水量在78.8~117.6 mm,也就是MCC基本形成到发展最旺盛的时段。"10·6"过程中最大小时降水量为78.8 mm,小时降水量>50 mm最多为22日01时2站;"12·5"过程中最大小时降水量为86.3 mm,小时降水量>50 mm最多为21日23时和次日01时7站;"14·6"过程中最大小时降水量为117.6 mm,小时降水量>50 mm最多为20日01时23站。从3次暴雨过程雨强分析来看,"14·6"过程的雨强最大,"12·5"过程次之,"10·6"过程最小。从前面分析的3次MCC云团各项指标来看,"14·6"过程中的发展最强盛时刻-32 ℃和-52 ℃冷云顶面积最大,偏心率也是最大的,"12·5"过程次之,"10·6"过程最小。从前面的对比分析可以看出,MCC对流云团产生的降水强度与云团的偏心率和冷云顶面积有很好的对应关系,强降水时段均发生在对流云团发展旺盛的阶段。

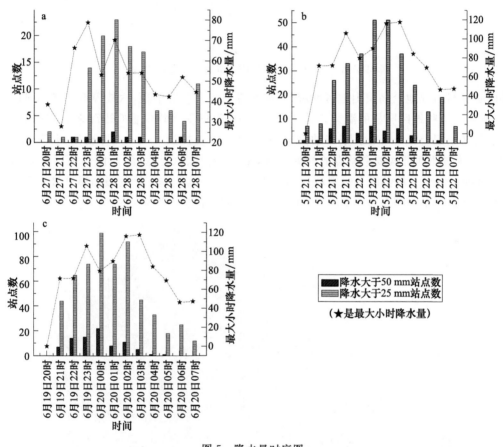

图5 降水量时序图
(a)2010年6月27—28日;(b)2012年5月21—22日;(c)2014年6月19—20日

6 对流云团的移动路径贵州西部的特殊地形分析

对流云团在地处乌蒙山左侧的赫章生成后,沿着贵州西部边缘地区,经过水城、晴隆等地,到达关岭、望谟一带,并在贵州西部发展加强,逐步向东北方向扩展影响贵州西部地区。贵州西部的水城、晴隆、关岭、贞丰、望谟、册亨地处乌江上游和北盘江上游的交汇地带。从贵州地形图来看(图6),这些地区地形低矮,与周围海拔差达到1000 m以上。

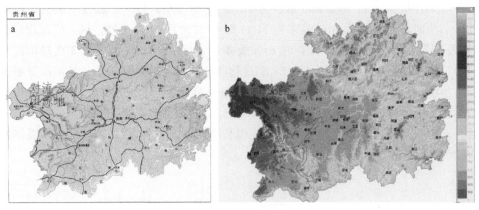

图6　贵州省地形图
(a)贵州省河流分布图;(b)贵州省海拔高度(填色,单位:m)

由于贵州西部地处乌蒙山地区的威宁、水城等地与东侧的纳雍、六枝等地存在明显的海拔差,也造成了这些地区明显的温差。从1981—2010年夏季平均气温(图7)来看,贵州西部存在威宁与赫章温差3.6 ℃,水城与纳雍、六枝、盘县温差接近2 ℃,关岭也比周围的站点高1~2 ℃。从贵州西部两要素站点的气温来看,毕节、安顺、六盘水、黔西南等地区的乡镇存在10 ℃的温差,例如关岭县岗乌镇滑坡现场的海拔为755 m,夏季午后的最高温度接近40 ℃,而关岭其他地区的海拔基本上都在1000 m以上,最高温度一般都在33 ℃[18]。

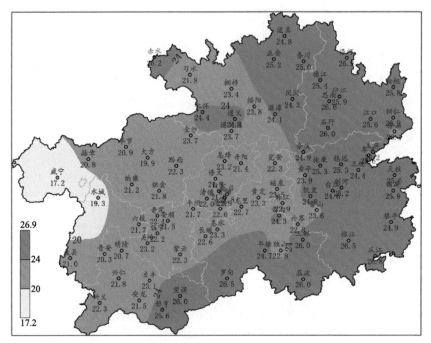

图7　1981—2010年贵州省夏季平均气温(填色,单位:℃)

李博[19]的局地低矮地形对华南暴雨影响的数值试验表明,局地地形可造成局地特大暴雨,而局地特大暴雨又具有显著的中尺度特征。与周围环境明显的海拔高度差和温度差造成的热力差异,造成了贵州西部地区的中尺度风场辐合线,使得影响贵州的 MCC 总是在这里触发生成并发展增强,带来强降水[18]。

7 锋区不稳定层结与垂直运动

从图 8a 可看到,2010 年 6 月 27 日 20 时沿 26°N 的垂直剖面上,103°—108°E 贵州中西部的 θ_{se} 等值线非常密集,中心值为 385 K,700 hPa 以下中低层有对流不稳定层结,中层 700~500 hPa 的 θ_{se} 分布呈漏斗状分布,有利于对流性天气发生。锋前 103°—108°E 区域附近 700 hPa 以下有中心值为 -18 cm·s^{-1} 的上升速度中心,在贵州中西部地区从低层到高层都为一致的上升气流,有很强的上升运动发展。700~500 hPa 附近有明显的切变,中低层为一致的偏南气流,对应该区域内中尺度暴雨云团迅速发展。

从图 8b 中可看到,2012 年 5 月 21 日 20 时沿 26°N 的垂直剖面上,103°—108°E 贵州中西部的 θ_{se} 等值线更加密集,梯度非常明显,贵州西部处于 θ_{se} 梯度最大的区域,中心值为 375 K。700 hPa 以下中低层有对流不稳定层结,650~400 hPa 贵州西部的 θ_{se} 分布呈漏斗状,有利于对流性天气发生。锋前 103°—110°E 区域贵州范围内为一致的上升气流,在 850~500 hPa 上有中心值为 -20 cm·s^{-1} 的上升速度中心,有很强的上升运动发展。上升运动区域范围比"10·6"大,呈椭圆形,上升运动中心数值高,与此次暴雨过程中的 MCC 对流云团形状相似,对应很好。700~500 hPa 附近有明显的切变,中低层为一致的偏南气流,对应该区域内中尺度暴雨云团迅速发展。

从图 8c 中可看到,2014 年 6 月 19 日 20 时沿 26°N 的垂直剖面上,103°—108°E 贵州中西部的也处于 θ_{se} 等值线的密集区,梯度比较明显,贵州西部处于 θ_{se} 梯度最大的区域,中心值为 385 K。800 hPa 以下中低层有对流不稳定层结,800~700 hPa 贵州中部的 θ_{se} 分布呈漏斗状,有利于对流性天气发生。锋前 103°—110°E 区域贵州范围内为一致的上升气流,在 850~500 hPa 上有中心值为 -21 cm·s^{-1} 的上升速度中心,有很强的上升运动发展。在 103°—118°E 范围内有两个明显的上升运动区,自西向东呈带状分布,该时段云图上的贵州中部以南地区也存在有两个冷云核的对流云团。在 700 hPa 以下贵州范围内也为一致的西南暖湿气流,为后期暴雨的产生提供充足的水汽。

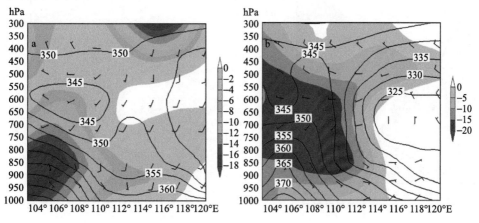

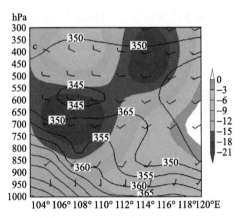

图8 沿 26°N 垂直剖面图

假相当位温(θ_{se})(线条,单位:K);垂直速度(填色,单位:cm·s^{-1})和风场(风羽,单位:m·s^{-1})

(a)2010 年 6 月 27 日 08 时;(b)2012 年 5 月 21 日 08 时;(c)2014 年 6 月 19 日 08 时

通过对 3 次暴雨过程的锋区不稳定层结与垂直运动分析来看:3 次暴雨过程中贵州中西部的 θ_{se} 等值线都非常密集,中低层有对流不稳定层结,中层 θ_{se} 分布呈漏斗状分布,有利于对流性天气发生。3 次过程中的上升气流都非常明显,中心值在-18 cm·s^{-1}以上。

8 水汽条件分析

从图9可看到,沿 26°N 水汽通量散度的垂直剖面上看:2010 年 6 月 27 日 14 时,500 hPa以下水汽都是辐合区,没有明显的辐散区,贵州西部 103°—106°E 为辐合中心,中心值为$-7\times$ 10^{-6} g·cm^{-2}·hPa^{-1}·s^{-1}。2012 年 5 月 21 日 14 时 800 hPa 以下水汽都是辐合的,贵州西部 103°—106°E 为辐合中心,中心值为-5×10^{-6} g·cm^{-2}·hPa^{-1}·s^{-1},800~500 hPa 为辐散区,中心值为 1×10^{-6} g·cm^{-2}hPa^{-1}·s^{-1}。2014 年 6 月 19 日 14 时贵州西部地区 600 hPa以下都为水汽辐合区,102°—106°E 也为辐合中心,中心值-3.5×10^{-6} g·cm^{-2}·hPa^{-1}·s^{-1},600 hPa 以上有辐散区,中心值为 0.5×10^{-6} g·cm^{-2}·hPa^{-1}·s^{-1}。

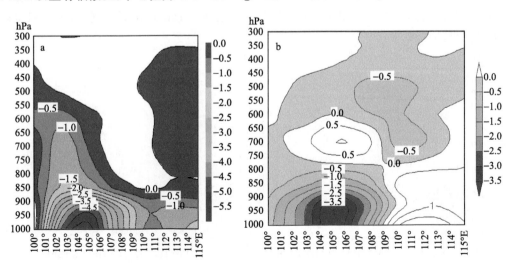

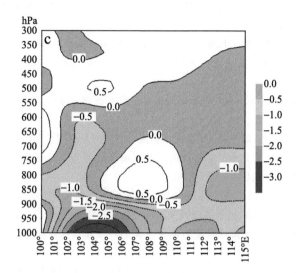

图9 水汽通量散度(填色＋线条,单位:10^{-6} g・cm^{-2}・hPa^{-1}・s^{-1})沿26°N垂直剖面图
(a)2010年6月27日08时;(b)2012年5月21日08时;(c)2014年6月19日08时

通过以上分析可以看出,3次暴雨过程中,贵州中西部地区都有水汽通量辐合中心存在,其中"12・5"和"14・6"暴雨过程中水汽通量散度呈上正下负的分布。充足的水汽输送为MCC发生、发展提供了良好的水汽条件。

9 结论

(1)贵州西部地区出现的MCC,主要发生在副高外围的槽前西南气流中。副高比较强盛,在850~500 hPa有明显的高压体存在,降水发生后次日没有显著负变温,属于局地锋生。

(2)贵州西部MCC对流云团产生的降水强度与云团的偏心率和冷云顶面积有很好的对应关系,强降水时段发生在对流云团发展旺盛的阶段。

(3)与周围环境明显的海拔高度差和温度差造成的热力差异,造成了贵州西部地区的中尺度风场辐合线,使得影响贵州的MCC总是在这里触发并发展增强,并带来强降水。

(4)3次暴雨过程中贵州中西部的θ_{se}等值线都非常密集,上升气流都非常明显,中层θ_{se}分布呈漏斗状分布,有利于对流性天气发生。

(5)3次暴雨过程中,贵州中西部地区中低层都有水汽通量散度辐合中心存在,充足的水汽输送为MCC发生、发展提供了良好的水汽条件。

参考文献

[1] MADDOX R A. Mesoscale convective complexes[J]. Bulletin of the American Meteorological Society, 1980,61(11):1374-1387.

[2] MADDOX R A. Large-scale meteorological conditions as-sociated with midlatitude mesoscale convective complexes[J]. Mon Wea Rev,1983,111:1475-1493.

[3] 江吉喜,叶惠明.我国中尺度α对流性云团的分析[J].中国气象科学研究院院刊,1986,1(2):133-141.

[4] 李玉兰,王婧嫆,郑新江,等.我国西南-华南地区中尺度对流复合体(MCC)的研究[J].大气科学,1989,13
 (4):417-422.

[5] 项续康,江吉喜.我国南方地区的中尺度对流复合体[J].应用气象学报,1995,6(1):9-17.

[6] 段旭,张秀年,许美玲.云南及周边地区中尺度对流系统时空分布特征[J].气象学报,2004,62(2):
 243-250.

[7] 覃丹宇,江吉喜,方宗义,等.MCC和一般暴雨云团发生发展的物理条件差异[J].应用气象学报,2004,15
 (5):590-600.

[8] 井喜,井宇,李明娟,等.淮河流域一次MCC的环境流场及动力分析[J].高原气象,2008,27(2):349-357.

[9] 姬菊枝,王开宇,方丽娟,等.东北地区中北部的一次区域暴雨天气——中尺度对流复合体特征分析[J].
 自然灾害学报,2009,18(2):101-106.

[10] 杨晓霞,王建国,杨学斌,等.2007年7月18—19日山东省大暴雨天气分析[J].气象,2008,34(4):61-70.

[11] 刘峰,李萍.华南一次典型MCC过程的成因及天气分析[J].气象,2007,33(5):77-82.

[12] 康凤琴,肖稳安,顾松山.中国大陆中尺度对流复合体的环境场演变特征[J].南京气象学院学报,1999,
 22(4):720-724.

[13] 段旭,李英.低纬高原地区一次中尺度对流复合体个例研究[J].大气科学,2001,25(5):676-682.

[14] 许美玲,段旭,施晓辉,等.突发性暴雨的中尺度对流复合体环境条件的个例分析[J].大气科学,2003,23
 (1):84-91.

[15] 熊伟,罗喜平,周明飞.贵州2次MCC暴雨诊断和触发机制对比分析[J].云南大学学报(自然科学版),
 2014,36(1):66-78

[16] 伍红雨.贵州一次大暴雨过程的中尺度数值模拟与诊断分析[J].暴雨灾害,2007,26(4):361-368.

[17] 张艳梅,江志红,王冀,等.贵州夏季暴雨的气候特征[J].气候变化研究进展,2008(3):182-186.

[18] 王兴菊,罗喜平,吴哲红,等.安顺两次特大暴雨过程的TBB和螺旋度对比分析[J].贵州气象,2013,37
 (6):1-7.

[19] 李博,刘黎平,赵思雄,等.局地低矮地形对华南暴雨影响的数值试验[J].高原气象,2013,32(6):
 1638-1650.

安顺两次特大暴雨过程的 TBB 和螺旋度对比分析

王兴菊[1]　罗喜平[2]　吴哲红[1]　肖　俊[1]

(1. 安顺市气象局,安顺,561000;2. 贵州省气象台,贵阳,550002)

摘　要:利用自动气象站观测资料、探空资料及美国国家环境预报中心(NCEP)再分析资料,对 2010 年 6 月 27 日夜间和 2012 年 7 月 12 日夜间贵州南部局地大暴雨天气过程进行对比分析。结果表明,安顺的两次特大暴雨天气过程主要是受高空槽和中低层切变共同影响,并配合低空急流,形成了有利于强降水的环流背景。安顺处于假相当位温的高能舌区和螺旋度的大值区,为特大暴雨的形成提供了很好的能量和动力条件。MCC(中尺度对流复合体)是造成安顺特大暴雨天气的直接原因,强降水发生在云团的冷核中心内,最强降水均出现在 MCC 的成熟期。关岭滑坡现场与周围环境明显的海拔高度差和温度差造成的热力差异,为关岭县岗乌镇两次特大暴雨提供了动力源和暖湿气流,并造成了关岭岗乌镇多次强降水。

关键词:特大暴雨,高空槽,低空急流,K 指数,螺旋度,MCC,TBB

引言

安顺地处贵州中部的西南地区,下垫面性质复杂,地形地貌特征多样化。由于其特殊的地理位置和大气环流等因素影响,形成了安顺独有的天气气候特征。张润琼等[1]对贵州 2002 年 6 月的一次暴雨天气过程进行数值模拟后指出,暴雨中心位于最大垂直速度中心附近,南北两支闭合经向垂直环流对暴雨区低空入流和高空出流具有非常重要的作用。吴哲红等[2]利用模式模拟了贵州 2004 年 5 月的一次暴雨过程,并用模拟结果对强降水流场以及不稳定机制等进行诊断分析,认为降水是由多种尺度系统相互作用,高、低层环流配置以及高空急流位置变化等共同作用产生的。伍红雨[3]对 2005 年 5 月 31 日—6 月 1 日贵州省一次大暴雨天气过程进行数值模拟表明,西南涡是造成大暴雨的主要影响系统。张艳梅等[4]利用贵州 52 个测站 1961—2006 年历年夏季(6—8 月)逐日降水资料分析了贵州夏季暴雨的时空分布特征,认为贵州夏季暴雨呈增加趋势,并存在明显的年际、年代际变化特征。贵州地区对自然灾害的抗御能力较为脆弱,一旦发生暴雨,极易形成洪涝灾害和其他次生灾害,且该地区暴雨多数生命史短、强度大、突发性强,所造成的危害特别大[5]。对于贵州暴雨的天气成因与气候特征,以往已有较多研究。

2010 年 6 月 27 日夜间,关岭县岗乌镇出现了特大暴雨,24 h 累计降水量达到 305 mm,并于 28 日 14 时 30 分引起安顺市关岭县的岗乌镇山体滑坡,安顺市经济损失 5308.4 万元,死亡 42 人,失踪 57 人。为了更好监测关岭的降水实况,2011 年,关岭新增了 28 个雨量观测点,通过对这些雨量点的监测统计,2011—2012 年安顺暴雨过程中,有 5 次暴雨中心出现在岗乌镇或附近的雨量监测点中,其中有 1 次暴雨,3 次大暴雨,1 次特大暴雨。2012 年 7 月 12 日 08

时—13日20时,安顺西南侧关岭县岗乌镇谷目村出现了328.3 mm的特大暴雨,造成1人死亡。为了深入探讨安顺局地特大暴雨天气的内部结构及其形成的可能机理,本文使用自动气象站观测资料、NCEP再分析资料、TBB资料,选取2010年6月28日和2012年7月12日两次特大暴雨过程进行对比分析,为今后此类暴雨的预报提供有价值的思路。

1 过程降水实况与灾情

2010年6月27—29日安顺市出现持续强降水天气。全市强降水出现在27日夜间到29日白天,最强降水主要出现在27日夜间到28日白天,过程总降水量最大为关岭县岗乌镇305 mm,城镇站点48 h出现6站次暴雨,1站次大暴雨(紫云,29日),关岭、紫云连续两天出现暴雨以上降水。27日20时—28日20时乡镇点降水量:特大暴雨1站次(岗乌镇305 mm)、大暴雨10站次、暴雨46站次;并于28日14时30分引起安顺市关岭县岗乌镇山体滑坡,安顺市经济损失5308.4万元,死亡42人,失踪57人。

2012年7月12日08时—13日20时,安顺市出现了一次大范围强降水天气过程。截至13日20时,安顺普降暴雨到大暴雨,安顺市自动气象站中(包含单降水量在内)出现200 mm以上特大暴雨12站次,100 mm以上大暴雨19站次,暴雨57站次,大雨15站次。特大暴雨主要集中在安顺中西部。尤其是安顺西南侧关岭县岗乌镇谷目村出现了328.3 mm的特大暴雨,1 h降水强度高达78.3 mm,37500人受灾,紧急转移安置5290人;农作物受灾面积2161 hm²,成灾面积1503 hm²,绝收380 hm²;倒塌房屋24间,一般损坏房屋627间,严重损坏房屋90间;直接经济损失2550.64万元。

从上述这两次过程累计降水量分布图上可见(图1),"10·6"暴雨过程是全安顺市范围的,大部分站点的过程降水量都超过了100 mm,其中关岭县、紫云县的部分乡镇还达到了200 mm以上,关岭县岗乌镇超过了300 mm;"12·7"暴雨过程,暴雨主要集中在安顺中部以北地区,特大暴雨主要集中在安顺中西部,贵州南部地区为小到中雨。两次过程强降水中心较为相似,都在关岭县岗乌镇附近出现了特大暴雨。"10·6"关岭县岗乌镇强降水初始时间出现

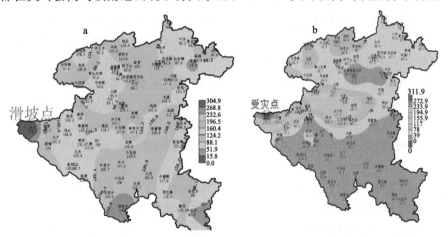

图1　安顺市降水量(填色,单位:mm)

(a)2010年6月27日20时—29日20时;(b)2012年7月12日08时—13日08时

在 28 日 06—10 时,"12·7"关岭县岗乌镇降水初始时间出现在 13 日 00—02 时,4 h 累计降水量都超过了 100 mm(图 2、图 3)。从降水强度来看,"12·7"暴雨过程的降水强度比"10·6"强,但由于人员及时疏散,经济损失和人员伤亡都比"10·6"暴雨过程少。

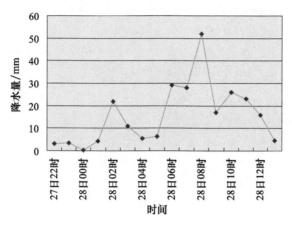

图 2　2010 年 6 月 27 日 22 时—28 日 14 时关岭县岗乌镇逐小时降水量
(篮色方块,单位:mm)

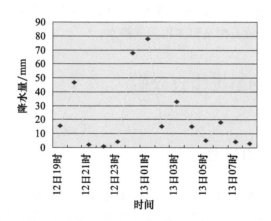

图 3　2012 年 7 月 12 日 19 时—13 日 17 时关岭县岗乌镇长冲村逐小时降水量
(篮色菱形块,单位:mm)

2　安顺关岭滑坡现场的特殊地形分析

陈明等[6]对山区地形对暴雨的影响研究表明,地形坡度越陡峭,其强迫引起的上升速度越大,最大上升速度对应的海拔高度越高,以燕山为例,降水在小尺度地形区增幅程度可达 260%,而大地形只有 30%。从关岭县的坡度图来看,关岭的最高海拔和最低海拔的坡度达到 75°(图 4)。关岭岗乌镇滑坡现场的两要素站显示,当地的海拔为 755 m,夏季午后的最高温度接近于 40 ℃,而关岭其他地区的海拔基本上都在 1000 m 以上,最高温度一般都在 33 ℃。与周围环境明显的海拔高度差和温度差造成的热力差异,形成了关岭县岗乌镇滑坡现场的小尺度风场辐合线。背风坡小尺度地形引起的暴雨增幅程度反而大大强于大尺度地形。

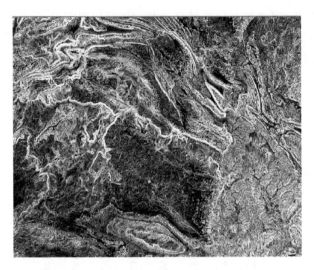

图 4　关岭坡度图

郭虎等[7]的研究表明,由地形造成的风场辐合及迎风坡辐合抬升作用对暴雨的形成有重要作用,近地面辐合扰动的向上传播是引发关岭县岗乌镇强降水的动力源。当暖湿气流流入喇叭口谷底,由于两侧高山阻挡,气流突然收缩。在喇叭口里引起强烈上升运动,同时水汽的辐合量也加大了,造成了关岭县岗乌镇多次的强降水。

3　环流形势、影响系统比较分析

3.1　"10·6"暴雨过程

2010 年 6 月 27 日 08 时,500 hPa(图 5a)环流为两脊一槽型,西太平洋副热带高压(简称副高)位置偏南偏西,乌拉尔山地区为阻塞高压控制,巴尔喀什湖到贝加尔湖为宽广的低压槽区,贝加尔湖东面为另一个高压区,在四川盆地到贵州西部有一小槽。700 hPa(图 6a)和 850 hPa(图 5a)贵州受强的气旋性环流控制,贵州省的西部有一西北东南向切变维持,700 hPa 孟加拉湾到我国广西一线有明显的西南急流,在广西一线有 14 m·s^{-1} 的急流中心。850 hPa 孟加拉湾有一个 12 m·s^{-1} 的西南急流中心为贵州提供充沛的水汽,从南海经广西、贵州东部到湖北也有西南急流维持。28 日 08 时 500 hPa(图 5b)环流仍为两脊一槽型,巴尔喀什湖到贝加尔湖之间形成阶梯槽,不断分裂小槽东南移。四川到贵州西部的低槽较前日明显加深,贵州东部到湖南形成阻塞形势。700 hPa(图 6b)和 850 hPa(图 5b)在四川盆地到贵州西北部形成一低涡,700 hPa 广西一线的西南急流维持,中心强度减弱,850 hPa 的急流维持,地面图上 27 日 14 时在贵州省中部经湖南南部、广东北部到江西南部有一静止锋维持,到 28 日 14 时静止锋在贵州中部到南部摆动维持。

综上所述,安顺此次特大暴雨过程是在 500 hPa 两脊一槽形势稳定维持的情况下,副高北抬形成东高西低的形势,巴尔喀什湖和贝加尔湖之间的宽广的低压区内分裂小槽东南移,使贵

州西部的低槽加深,配合中低层的低涡切变以及地面静止锋的共同作用下产生的。700 hPa
和850 hPa的西南急流为暴雨提供了充沛的水汽和动量。

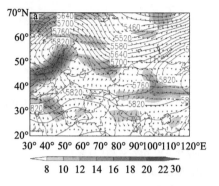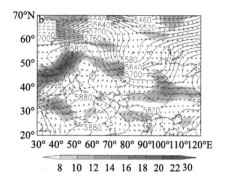

图5　500 hPa高度场(线条,单位:gpm)和850 hPa流场(箭头)
850 hPa≥8 m·s⁻¹风速(填色,单位:m·s⁻¹)
(a)2010年6月27日08时;(b)2010年6月28日08时

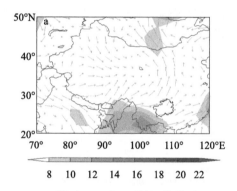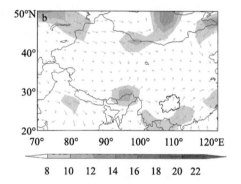

图6　700 hPa流场(箭头)和700 hPa≥8 m·s⁻¹风速(填色,单位:m·s⁻¹)
(a)2010年6月27日08时;(b)2010年6月28日08时

3.2 “12·7”暴雨过程

2012年7月12日08时(图7a),500 hPa副高5880 gpm线位于海上,呈东北—西南走向,
西伸脊点达118°E附近,中高纬主要的两槽位于125°E和巴尔喀什湖附近,高原上有小波动不
断东移南压影响贵州,在贵州西部到滇东南有一南支槽,贵州省大部受副高西侧偏西南气流影
响。20时,副高西伸增强,西伸脊点到达112°E附近,东北低涡受副高阻塞分裂有所西伸南
压,高原小波动东南移与南支槽合并叠加增强,仍然在贵州西部维持,13日08时(图7b),副高
位置少动,阻止了槽的东移,说明副高西伸增强阻止高空槽东移,并在贵州西部长时间维持,且
随着高空小波动东移南压叠加南支槽使槽加深增强,这是12—13日早上出现强降水的一个原
因,至13日20时,副高东退,高空槽东移到贵州东部和南部一线,强降水区域南压。

12日08时—13日08时,700 hPa(图8a、图8b)贵州主要受西南涡和长江横切变西段共
同影响,切变西至滇北一线,东至安徽北部,孟加拉湾和我国的南海一带都有水汽向贵州输送,
贵州境内有强劲的西南急流,贵州南部有>12 m·s⁻¹的西南急流。到13日02时,整个贵州

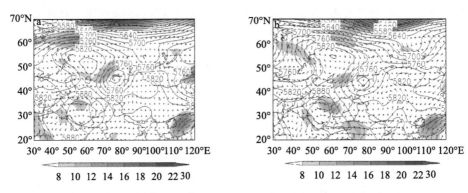

图7　500 hPa 高度场(黑线,单位:gpm)和 850 hPa 流场(箭头)

850 hPa≥8 m·s⁻¹风速(填色,单位:m·s⁻¹)

(a)2012 年 7 月 12 日 08 时;(b)2012 年 7 月 13 日 08 时

境内的西南急流仍然维持,强中心基本上北抬控制了整个贵州,与 13 日 02 时贵州省的降水量明显增大相对应。850 hPa 低涡位于川东南维持,切变位于贵州西北部,12—13 日孟加拉湾有一气旋性的偏西气流绕过中低纬地区转为偏南气流,经过我国南海地区向北输送水汽,在贵州以东地区形成一支强劲的西南气流,为此次降水过程提供了充足的水汽。

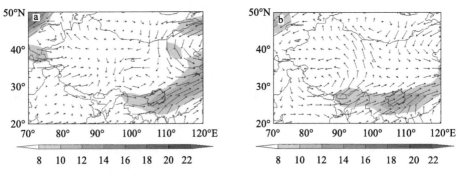

图8　700 hPa 流场(箭头)和 700 hPa≥8 m·s⁻¹风速(填色,单位:m·s⁻¹)

(a)2012 年 7 月 12 日 08 时;(b)2012 年 7 月 13 日 08 时

综上所述,12—13 日安顺的特大暴雨天气过程主要是受副高西伸增强的情况下,阻止高空槽东移而维持在贵州西部,配合中低空急流和地面弱冷空气的共同影响,在长江横切变的西段沿切变南侧出现了带状暴雨区域。

4　物理量诊断

4.1　假相当位温(θ_{se})

分析 2012 年 7 月 12 日 14 时和 20 时 θ_{se} 沿 26°N 的剖面图发现(图9),"12·7"特大暴雨开始前 27 日 08 时 850 hPa,贵州中西部地区有 358 K 的高能中心,从 850~300 hPa,贵州都处于≥340 K 高能舌区,到了 14 时,位于贵州省中西部的高能中心上升到 370 K,高能区主要位于 700～850 hPa。20 时,贵州西部的高能中心仍然维持,并上升到了 600 hPa,等温线更加密集。一直到 28 日 08 时,贵州范围内都有高能舌区存在,但中心强度有所减弱,为 360 K。

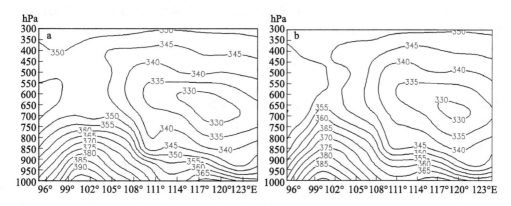

图 9　假相当位温(θ_{se})(线条,单位:K)沿 26°N 剖面图
(a)2012 年 7 月 12 日 14 时;(b)2012 年 7 月 12 日 20 时

分析 2010 年 6 月 27 日 14 时和 20 时沿 26°N 的 θ_{se} 纬度-经向剖面图发现(图 10),"10·6"特大暴雨过程中,12 日 08 时 600 hPa 以下 95°—110°E 为一高能舌区,在 850 hPa 贵州西部有 360 K 的高能中心。14 时,中心强度增大为 375 K,高能舌区主要位于 850～700 hPa。20 时,贵州中西部地区有 358 K 的高能中心。850～300 hPa,贵州都处于≥340 K 高能舌区,14 时,位于贵州省中西部的高能中心上升到 370 K,高能区主要位于 850～700 hPa。20 时,贵州西部仍然有 375 K 高能中心,且高能舌上升到了 500 hPa 以上。一直到 13 日 08 时,贵州范围内都维持一个中心值为 357 K 的高能舌区,但等温线的密集程度有所减弱。

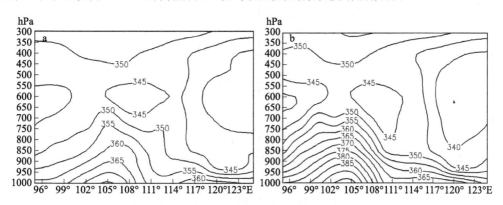

图 10　假相当位温(θ_{se})(线条,单位:K)沿 26°N 剖面图
(a)2010 年 6 月 27 日 14 时;(b)2010 年 6 月 27 日 20 时

从两次过程的对比可以看出,两次特大暴雨过程中安顺的高能舌区都维持了 24 h 以上,从等温线的密集程度和上升高度来看,"10·6"明显要强于"12·7",但"12·7"整个过程的中心最大值为 375 K,要略大于"10·6"的 360 K。两次过程中的高能平流为处于贵州西部的安顺特大暴雨的产生积累了充分的能量,中低层能量的积累使安顺处于对流不稳定的大气中,为两次特大暴雨过程的产生提供了很好的能量条件。

4.2 动力条件分析

螺旋度作为一个反映旋转上升强度的物理量,越来越多地被应用于暴雨的分析预报中。其定义为风速与涡度点积的体积分,在 p 坐标系中,垂直方向上的螺旋度公式为:

$$H_P = -\int \omega \left(\frac{\partial v}{\partial x} - \frac{\partial u}{\partial y} \right) = -\zeta \omega \qquad (1)$$

垂直螺旋度表征大气在垂直方向上的旋转上升和运动特征。很多学者已将其成功地应用于雷暴、龙卷及大范围暴雨的分析预报中,并取得了较好的效果。以下对这两次特大暴雨过程中螺旋度的分布及演变情况进行对比分析。

由 2010 年 6 月 27 日 14 时暴雨区的螺旋度沿 26°N 垂直剖面可见(图 11),300 hPa 以下有显著的正螺旋度区,正值区跨越了约 12 个经距范围的雨带上空,最大值位于 105°—108°E 暴雨中心附近,垂直方向上正值中心出现在 500 hPa 左右,达到 3.0×10^{-6} Pa·s^{-2}。贵州范围内 300 hPa 以上开始出现负值区,最大值为 -2.0×10^{-6} Pa·s^{-2}。20 时,550 hPa 以下贵州范围内也出现了 3.0×10^{-6} Pa·s^{-2} 的正值中心,在 200 hPa 以上出现了 -1.0×10^{-6} Pa·s^{-2} 的负值中心,到 28 日 08 时,正值中心强度有所减弱,贵州 350 hPa 以下维持 1.0×10^{-6} Pa·s^{-2} 的正值中心,高层的负值中心增大为 -4.0×10^{-6} Pa·s^{-2}。到 14 时,贵州中低层的正值区迅速增大,中心值达到了 8.0×10^{-6} Pa·s^{-2},并上升到了 300 hPa 附近,高层有 -6.0×10^{-6} Pa·s^{-2} 的负值中心。与此对应的是,28 日 08—12 时,安顺关岭出现了强降水,累计降水量超过 100 mm。

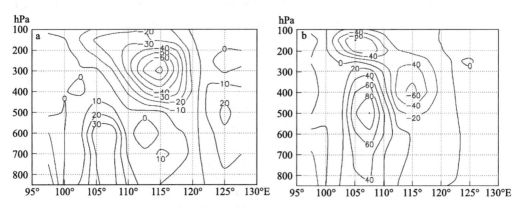

图 11　螺旋度(线条,单位:10^{-7} Pa·s^{-2})沿 26°N 的垂直剖面图
(a)2010 年 6 月 27 日 14 时;(b)2010 年 6 月 28 日 14 时

由 2012 年 7 月 12 日 08 时,暴雨区的螺旋度沿 26°N 垂直剖面可见(图 12),贵州范围内在 850 hPa 上有一个 1.5×10^{-6} Pa·s^{-2} 的正值中心,正值区上升到了 700 hPa 附近,700 hPa 以上开始出现负值区,在 200 hPa 附近有一个 -9.0×10^{-6} Pa·s^{-2} 的负值中心。14 时,正值中心仍然在 850 hPa 左右,为 1.0×10^{-6} Pa·s^{-2},但高层的负值中心变强,等值线变密集,中心值上升到 -6.0×10^{-6} Pa·s^{-2}。20 时,正值中心上升到 700 hPa,强中心仍然维持在 850 hPa 左右,为 2.0×10^{-6} Pa·s^{-2},高层有 -6.0×10^{-6} Pa·s^{-2} 的负值中心,13 日 08 时,正值区上升到 500 hPa 附近,400 hPa 上仍然维持中心为 -4.0×10^{-6} Pa·s^{-2}。

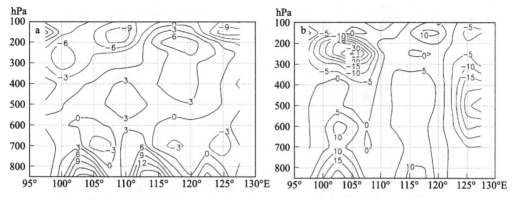

图 12　螺旋度(线条,单位:10^{-7} Pa·s^{-2})沿 26°N 的垂直剖面图
(a)2012 年 7 月 12 日 08 时;(b)2012 年 7 月 13 日 08 时

通过两次特大暴雨过程的螺旋度对比分析可以看出,在暴雨区上空的对流层中下层和上层螺旋度均呈现下正上负的垂直结构,反映了虽整层 $w>0$,但 F_k 下正上负,故 $h_z=wF_k$ 下正上负,再根据大气抽吸效应,说明这两次暴雨发生在中下层正涡度辐合、高层负涡度辐散的强上升旋转气流区中。暴雨区上空螺旋度中低层为正中心,高层为负中心,螺旋度正的大值区对应着降水量中心,两者之间配合较好。

5　暴雨的中尺度云团分析

卫星云图上云顶亮温 TBB≤−32 ℃云团为 MCS(中尺度对流系统),满足−32 ℃以下云罩面积在 10^5 km^2,且−53 ℃以下云罩面积在 5 万 km^2 以上,生命史维持 6 h 以上的暴雨云团为 MCC。MCS 定义 TBB≤−32 ℃的连续冷云盖的直径≥20 km[3-4]。分析 6 月 27—28 日 FY-2C 卫星云图 TBB 资料,可清晰看到,此次过程有 MCC 和 MCS 的生消发展过程[8]。

2010 年 6 月 27 日 21 时开始,贵州省西南部开始有对流云团发展,并逐步扩大。到 28 日 01 时(图 13a)对流中心 TBB 为−91 ℃,<−70 ℃,且云团面积为 74308.66 m^2,>5 万 km^2,达到 MCC 的标准,并继续增强。到 06 时(图 13c)MCC 的强中心继续向贵州西南部移动,面积扩大为 235655 km^2。形成椭圆形对流云团,直径约 550 km,中心强度维持−91 ℃,贵州西南部的降水也迅速增大,以关岭县岗乌镇为例,小时降水量超过了 30 mm。到 08 时(图 13d),TBB≤−53 ℃的面积已经超过了 20 万 km^2,也就是 MCC 的成熟期,关岭县岗乌镇的小时降水量达到了最大值 53 mm。

从 2012 年 7 月 12 日 17 时开始,贵州省西南部开始有对流云系发展,范围逐步扩大,成为一个东北西南向的云带,到 21 时(图 14a)分裂成两个对流云团,其中位于贵州省西南部的对流云团较强,−32 ℃以下的云罩面积达到了 111322 km^2,−53 ℃以下的云罩面积为 75595 km^2,达到了 MCC 标准,并不断扩大。到了 13 日 01 时(图 14b)达到了最强,中心为−60 ℃以下的冷云核面积达到了近 30000 km^2,到 02 时开始有所减弱,但−32 ℃以下的对流云团强度仍然在 10 万 km^2 以上,到 03 时以后,开始减弱分裂,虽然贵州西南部仍然有对流云团,但已不再具备

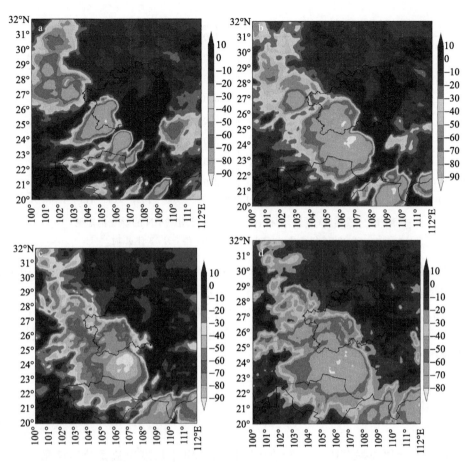

图 13　2010 年 6 月 28 日 TBB(填色,单位:℃)实况图
(a)28 日 01 时;(b)28 日 04 时;(c)28 日 06 时;(d)28 日 08 时

MCC 标准。与云图相对应,23 时开始岗乌镇长冲村降水量迅速增大,13 日 00 时 1 h 降水量达到 70 mm,13 日 01 时 1 h 降水量达到 80 mm,也就是 MCC 的成熟期。

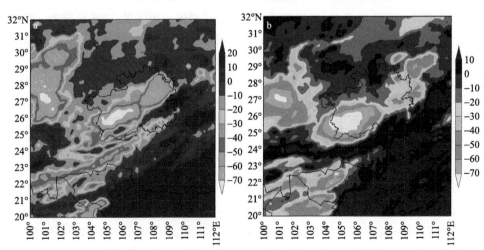

图 14　2012 年 7 月 12—13 日 TBB(填色,单位:℃)实况图
(a)12 日 21 时;(b)13 日 01 时

从两次特大暴雨过程的 TBB 对比可以看出,两次特大暴雨过程中贵州都出现了对流云团,并达到了 MCC 标准。MCC 是造成安顺特大暴雨天气的直接原因,强降水发生在云团的冷核中心内,最强降水均出现在 MCC 的成熟期。

6 结论

(1)安顺的两次特大暴雨天气过程主要是受高空槽和中低层切变共同影响,并配合低空急流,形成了有利于强降水的环流背景。

(2)安顺关岭滑坡现场与周围环境明显的海拔高度差和温度差造成的热力差异,为关岭县岗乌镇两次特大暴雨提供了动力源和暖湿气流,并造成了关岭县岗乌镇多次强降水。

(3)两次特大暴雨天气过程中,安顺处于假相当位温的高能舌区的大值区,为特大暴雨的形成提供了很好的能量条件。

(4)通过安顺两次特大暴雨过程的螺旋度对比分析可以看出,暴雨区上空螺旋度中低层为正中心,高层为负中心,螺旋度正的大值区对应着强降水量中心,两者之间配合较好。

(5)从安顺两次特大暴雨过程的 TBB 对比可以看出,两次特大暴雨过程中贵州都出现了对流云团,"10·6"暴雨过程达到 MCC 标准,"12·7"暴雨过程为 MCC,对流云团在安顺上空长期维持是造成安顺特大暴雨天气的直接原因,强降水发生在云团的冷核中心内,最强降水均出现在对流云团的成熟期。

参考文献

[1] 张润琼,沈桐立.贵州 02.6 大暴雨的模拟与诊断分析[J].气象,2006,32(1):95-101.

[2] 吴哲红,虞苏青,丁治英,等.贵州地区一次暴雨的数值模拟及不稳定性诊断分析[J].高原气象,2008,27(6):1307-1314.

[3] 伍红雨.贵州一次大暴雨过程的中尺度数值模拟与诊断分析[J].暴雨灾害,2007,26(4):361-368.

[4] 张艳梅,江志红,王冀,等.贵州夏季暴雨的气候特征[J].气候变化研究进展,2008(3):182-186.

[5] 杨利群,杨静,廖移山,等.贵州南部两次局地大暴雨过程对比分析[J].暴雨灾害,2010,29(3):208-215.

[6] 陈明,傅抱璞,于强,等.山区地形对暴雨的影响[J].地理学报,1995,50(3):256-263.

[7] 郭虎,段丽,杨波,等.0679 香山局地大暴雨的中尺度天气分析[J].应用气象学报,2008,19(3):265-275.

[8] 寿绍文,励申申,寿亦萱,等.中尺度气象学[M].北京:气象出版社,2003.

2011—2015 年贵州省 MCC 暴雨天气分型与云系特征

王兴菊

(安顺市气象局,安顺,561000)

摘　要:使用了 FNL 再分析资料(水平分辨率 1°×1°)以及常规的地面观测资料,利用国家卫星中心提供的 FY-2D 和 FY-2E 卫星云图和云顶红外亮温 TBB 资料对 2011—2015 年贵州省强降水有影响的 9 个 MCC(中尺度对流复合体)暴雨个例进行分型研究。研究结果发现:毕节地区威宁县是 MCC 的主要发源地,西南低涡和江淮切变是贵州省 MCC 暴雨的主要诱发系统;低涡型 MCC 暴雨的强降水关键区主要集中在贵州省西南部地区,切变型 MCC 暴雨的强降水关键区主要集中在贵州省中东部地区。低涡型 MCC 暴雨个例中对流云系以单核居多,偏心率较大,云团边缘比较光滑,冷云罩覆盖面积偏小,云顶最低亮温偏低;切变型 MCC 暴雨个例则以多核为主,偏心率相对于西南低涡型个例小,冷云罩面积偏大。南压高压的存在为 MCC 暴雨提供了高空辐散条件,低涡型 MCC 暴雨的南压高压比切变型 MCC 暴雨的南压高压强,辐散更明显;低涡型 MCC 暴雨产生于西南低涡的右后方,切变型 MCC 暴雨产生于低空切变的左前方;大多数影响贵州省的 MCC 生成于 13—17 时,并在暴雨发生前一日的 23 时至当日 04 时加强,此规律对暴雨预报和暴雨短临预警的发布有很好的指示意义。

关键词:MCC,暴雨,江淮切变,西南低涡

引言

贵州省毕节地区威宁县位于乌蒙山脊上,威宁县气象站海拔高度为 2236 m,与周围站点的海拔差达到 700 m 左右。该地区特殊的地理位置,导致对流云系在该地不断生成,并发展加强。王兴菊等[1]在"2015 年 6 月 MCC 造成的贵州省大暴雨过程分析"一文中对起源于毕节地区威宁县的对流云团的移动路径以及贵州省西部的特殊地形对 MCC 发生发展的影响进行了分析。

由于起源于贵州西北部的 MCC 对流云系的影响,贵州省大部分地区均出现过大暴雨到特大暴雨量级的强降水,并在这些地区造成了毁灭性的山洪、滑坡事件。其中 2010 年 6 月 27—28 日出现在贵州省的特大暴雨过程造成岗乌镇大寨村 100 多人被掩埋,死亡 42 人,失踪 57 人。2012 年 5 月 21—22 日的大暴雨过程在贵州省造成 7 市(自治州)19 个县(区市)25.3 万人受灾,5 人死亡。2014 年 6 月 19—20 日大暴雨洪涝导致贵州省 8 个市(自治州)47 个县(区市)72.7 万人受灾,4 人因灾死亡,直接经济损失 5.1 亿元。这 3 次大暴雨天气过程中的对流云团最后均发展为 MCC,由于 MCC 在贵州带来的降水强度大、灾害重,所以了解并分析贵州省 MCC 的发展和影响非常重要。

1980 年 Maddox[2]用红外云图确定了中尺度对流复合体(MCC)的定义和物理特征,薛春芳等[3]对青藏高原东北侧的 MCC 特征进行了分析,杨静等[4]对云贵高原东段 2006—2010 年

的山地MCC的普查和降水特征进行了统计分析;熊伟等[5]对贵州省两次MCC暴雨进行了诊断和触发机制的分析,王兴菊等[1]对2015年6月MCC造成的贵州省大暴雨过程分析,以上研究为贵州省MCC的研究奠定了理论基础。本文对2011—2015年贵州省5—8月的强降水集中期出现的MCC进行了统计分析,发现2015年由MCC带来的强降水关键区发生了明显改变,并对此进行了初步研究,发现了此改变是由影响系统的改变造成的,以往的MCC主要是由西南低涡移出带来的,2015年则是由于江淮切变的长期维持造成的。

本文在研究方法上较常规方法也有所创新,除了延续常规的方法对MCC的时空分布、环流形势、云系特点等进行分析,还以西南低涡和江淮切变影响为分型基础对MCC进行了分型研究,并对两种类型的背景场资料进行了合成分析,并增加了关键区、地形影响、气候背景等的分型,以期对以后贵州省的MCC研究提供有价值的思路。

1 资料和方法

本文使用的资料包括:①2011—2015年FNL再分析资料(水平分辨率1°×1°)以及常规的地面观测资料,国家卫星中心提供的FY-2D和FY-2E卫星云图和云顶红外亮温TBB;②2011—2015年贵州省84个国家级气象观测站,逐时气象要素观测数据和地面填图资料,该资料由贵州省气象信息与技术保障中心提供,其中,气象要素包括相对湿度(R_H)、能见度(VIS)、海平面气压(P_0)、3 h变压(P_{03})、24 h变压(P_{24})、气温(T)、24 h变温(T_{24})等。

参照刘蕾等[6]根据850 hPa影响系统的不同,将暴雨过程分为:南风型、切变型、低涡型。由于贵州省地势西高东低,西部地区普遍海拔在1500 m以上,高于850 hPa的海拔高度,所以取700 hPa上的系统进行分型,主要分为西南低涡型(简称"低涡型")和江淮横切变型(简称"切变型")两类。

(1)低涡型。此类暴雨发生前:①700 hPa上有西南低涡存在;②贵州省84个国家级气象观测站中20时至次日20时降水量有6个站24 h≥50 mm;③前一日08时到当日08时有对流云系生成发展并达到MCC的标准。

(2)切变型。此类暴雨发生前:①当青藏高原以东,25°—35°N,700 hPa上出现江淮横切变时,定义为"切变型"型;②贵州省84个国家级气象观测站中20时至次日20时降水量有6个站24 h≥50 mm;③前一日08时到当日08时有对流云系生成发展并达到MCC的标准。

此外,本文列出了2007—2015年的23个MCC暴雨个例的主要影响系统(表1),由于资料原因,本文主要选取了2011—2015年的9个MCC暴雨个例进行研究,并挑选2012年5月22日、2015年6月18日两个个例重点分析。

表1　2007—2015年贵州省MCC暴雨个例

序号	日期	暴雨站数/个	低涡型	横切变型	主要降水时段	其他主要影响系统
1	2007-06-23	11		是	22日夜间到23日上午	500 hPa副高外围、700 hPa和850 hPa江淮切变
2	2007-06-25	11		是	24日夜间到25日上午	500 hPa高空槽、700 hPa和850 hPa江淮切变
3	2008-05-27	6	是		26日夜间到27日上午	500 hPa高空槽、700 hPa西南低涡、850 hPa切变
4	2008-05-28	6		是	27日夜间到28日上午	500 hPa副高外围、700 hPa和850 hPa江淮切变

序号	日期	暴雨站数/个	低涡型	横切变型	主要降水时段	其他主要影响系统
5	2008-05-30	14	是		29 日夜间到 30 日上午	500 hPa 高空槽、700 hPa 西南低涡、850 hPa 切变
6	2008-06-08	12		是	7 日夜间到 8 日上午	500 hPa 副高外围、700 hPa 和 850 hPa 江淮切变
7	2008-07-01	7	是		6 月 30 日夜间到 7 月 1 日上午	500 hPa 高空槽、700 hPa 西南低涡、850 hPa 切变
8	2009-06-08	6	是		7 日夜间到 8 日上午	500 hPa 高空槽、700 hPa 西南低涡、850 hPa 切变
9	2009-06-09	9	是		8 日夜间到 9 日上午	500 hPa 高空槽、700 hPa 西南低涡、850 hPa 切变
10	2010-06-01	7	是		5 月 31 日夜间到 6 月 1 日上午	500 hPa 高空槽、700 hPa 西南低涡、850 hPa 切变
11	2010-06-17	20	是		16 日夜间到 17 日上午	500 hPa 高空槽、700 hPa 西南低涡、850 hPa 切变
12	2010-06-19	14	是		18 日夜间到 19 日上午	500 hPa 高空槽、700 hPa 西南低涡、850 hPa 切变
13	2010-06-20	6		是	19 日夜间到 20 日上午	500 hPa 高空槽、700 hPa 和 850 hPa 江淮切变
14	2010-06-28	12	是		27 日夜间到 28 日上午	500 hPa 高空槽、700 hPa 西南低涡、850 hPa 切变
15	2011-08-04	19	是		3 日夜间到 4 日上午	500 hPa 高空槽、700 hPa 西南低涡、850 hPa 切变
16	2012-05-22	19	是		21 日夜间到 22 日上午	500 hPa 高空槽、700 hPa 西南低涡、850 hPa 切变
17	2014-06-04	6	是		3 日夜间到 4 日上午	500 hPa 高空槽、700 hPa 西南低涡、850 hPa 切变
18	2014-06-19	7	是		18 日夜间到 19 日上午	500 hPa 高空槽、700 hPa 西南低涡、850 hPa 切变
19	2014-07-04	23		是	3 日夜间到 4 日上午	500 hPa 高空槽、700 hPa 和 850 hPa 江淮切变
20	2015-06-06	10	是		5 日夜间到 6 日上午	500 hPa 高空槽、700 hPa 西南低涡、850 hPa 切变
21	2015-06-07	30		是	6 日夜间到 7 日上午	500 hPa 高空槽、700 hPa 和 850 hPa 江淮切变
22	2015-06-18	30		是	17 日夜间到 18 日上午	500 hPa 高空槽、700 hPa 和 850 hPa 江淮切变
23	2015-06-20	6		是	19 日夜间到 20 日上午	500 hPa 高空槽、700 hPa 和 850 hPa 江淮切变

2 贵州省 MCC 暴雨的时间分布特征

通过对 2011—2015 年出现在贵州省的暴雨个例进行统计分析,达到 MCC 标准的有 9 次,年出现频率为 1.8 次,其中 2015 年最多,出现 4 次,2011—2012 年均出现 1 次(图 1a), 2013 年没有出现 MCC 暴雨过程。从月分布来看(图 1b),主要分布在 5—8 月,6 月出现最多,出现 6 次,占 67%,5 月、7 月、8 月均出现 1 次,各占 11%,所以 6 月是 MCC 暴雨多发的月份。

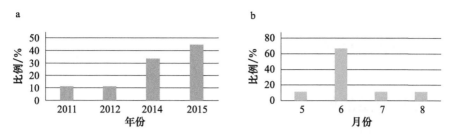

图1　贵州省 2011—2015 年 MCC 暴雨个例逐年分布(a)和逐月分布(b)图

　　9 个个例中有 5 个属于低涡型,4 个属于切变型。2013 年之前,贵州省出现的 MCC 暴雨以西南低涡诱发为主,在 2 个个例中都属于西南低涡类型,在 2014 年之后横切变诱发的个例开始增加,7 个 MCC 暴雨个例中有 4 次属于横切变影响,占 57%(表 2)。

表 2　2011—2015 年贵州省 MCC 暴雨逐年分布表

年	低涡型/次	横切变型/次
2011	1	0
2012	1	0
2014	2	1
2015	1	3

3　贵州省 MCC 暴雨关键区分析

　　从暴雨的空间分布来看,通过对低涡型和切变型个例在贵州省产生暴雨的关键区进行分析,将累计降水量超过 200 mm 的范围定义为 MCC 暴雨的关键区,发现 2014 年以后的 4 次切变型的 MCC 暴雨个例的强降水落区与过去发生了明显改变。罗喜平等的课题"西南山地夏季中尺度对流复合体研究",对 2006—2010 年影响贵州省的 MCC 暴雨个例进行了研究,并制作了贵州省 25 个 MCC 暴雨个例的累计降水量图,本文也对 5 次低涡型 MCC 暴雨的关键区进行了统计,可以看出暴雨主要集中在贵州省中部的西南地区,尤其是安顺市关岭县、黔西南自治州望谟县、贵阳市等地是 MCC 暴雨的关键区(图 2a)。并对 2014 年、2015 年为主的 4 次切变型 MCC 暴雨进行了统计,发现暴雨主要集中在贵州省的中部以南地区,安顺市、贵阳市、黔南自治州、黔东南自治州为关键区(图 2b)。

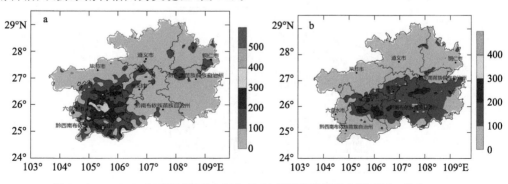

图 2　2011—2015 年低涡型(a)和切变型(b)累计降水量分布图(填色,单位:mm)

4 MCC 暴雨云系特点

4.1 对流云团的触发

从云系的触发地来看(图 3a),低涡型的 5 个 MCC 暴雨个例中有 4 个对流云系起源在毕节地区威宁县附近,1 个出现在六盘水市盘州市附近。切变型个例中(图 3b),西部的云系也基本上起源于毕节地区威宁县附近,东部云系大部分起源于铜仁地区江口县到黔东南自治州的丹寨、麻江一线。

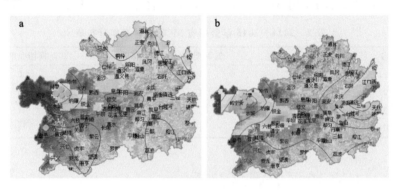

图 3 对流云系起源地(★)分布图
(a)低涡型;(b)切变型

利用来自贵州省气象局的地形图(图 4),威宁县位于贵州省西北部,威宁气象站海拔高度为 2236 m,与周围站点相比为最高,比周围站点的海拔高度高 700 m 左右。从贵州省多年平均气温来看,威宁县 17.2 ℃ 为贵州省最低,比周围站点赫章县、盘州市等的温度低 3~4 ℃。与周围环境特殊的温差和海拔高度差造成的热力差异,使得贵州省西北部容易形成辐合线锋生,并导致对流云系不断在该地区触发。朱乾根等指出[7],降温可以使得水汽过饱和产生凝结,有利于云滴增长,促使对流云系生成,从而导致降水的产生。

通过对 9 个 MCC 暴雨个例的云系起源时间进行统计分析(图 5),大部分云系的起源时间在 14—16 时,这个时段共出现了 8 次,占 89%。

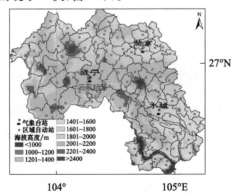

图 4 威宁县、赫章县、水城区海拔高度(填色,单位:m)

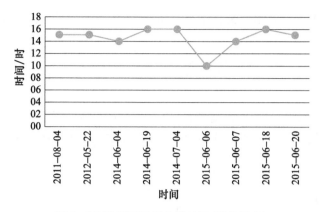

图 5　MCC 暴雨云系起源时间（橙色圆点）

从以上分析可以看出,大多数影响贵州省的 MCC 生成于 13—17 时,并在暴雨发生前一日的 23 时到当日 04 时加强,此规律对暴雨预报和暴雨短临预警的发布有很好的指示意义。

4.2　云系的发展加强

MCC 暴雨对流云系一般在夜间发展到最强,本文中选取了最低云顶亮温和最大冷云罩面积来研究云系发展加强时的特征。

从最低云顶亮温来看,9 个个例的最低云顶亮温在 $-88 \sim -77$ ℃,出现时间一般在 23 时到次日 04 时左右,最强为 2012 年 5 月 22 日,影响系统为西南低涡,是 9 个个例中发展最完整的一个,偏心率接近于 1(表 3)。

表 3　云顶最低亮温、最大覆盖面积、偏心率表

日期	2011-08-04	2012-05-21	2014-06-04	2014-06-19	2014-07-04	2015-06-06	2015-06-07	2015-06-18	2015-06-20
最低云顶亮温/℃	-87	-88	-85	-78	-77	-83	-85	-79	-86
最大覆盖面积/万 km²	22.29	18.39	25.80	23.50	10.20	11.70	15.90	14.04	16.10
偏心率	0.88	1.00	0.98	0.91	0.80	0.83	0.92	0.70	0.79

从冷云罩的最大覆盖来看,一般出现在 03—04 时,最大面积在 10.0 万~25.8 万 km²。2014 年 6 月 4 日的冷云罩面积最大,此次的 MCC 暴雨对流云系是由江淮横切变东段和毕节地区威宁县的对流云团共同触发生成,在云系发展加强的时候,多个对流云团冷云罩面积不断扩大,最后连接成了东西方向横跨整个贵州省的椭圆形对流云系,所以冷云罩面积超过了 20 万 km²。在以上个例中,有 3 个个例的最大冷云罩面积超过了 20 万 km²,都是属于切变型。

从偏心率来看,9 个个例的偏心率在 0.7~1,最大偏心率为 2012 年 5 月 22 日,接近于 1,属于低涡型。最小为 2015 年 6 月 18 日,偏心率为 0.7,属于切变型。

结合以上分析,用 MCC 暴雨对流云系发展最强时来对比分析低涡型和切变型影响下云系的特点,低涡型个例中对流云系以单核居多,云罩外观以圆形为主,偏心率较大,云团边缘比较光滑,冷云罩覆盖面积偏小,最低云顶亮温较低,强降水时段比较集中。切变型个例则以多核为主,云罩外观以椭圆形居多,偏心率相对于西南低涡个例偏小,云团边缘不如西南低涡光

滑。云罩面积较大,最强时基本上覆盖整个贵州省,降水持续时间更长,范围也比较大。

5 MCC暴雨发展的环流背景分析

为了更好地分析MCC发展的环流背景,本文分别将5个低涡型和4个切变型的MCC暴雨背景场资料进行了合成分析,以下统称为低涡型合成图和切变型合成图(合成图的时间分别取暴雨发生当日的08时、14时、20时)。

5.1 700 hPa分析

西南低涡是青藏高原以东及西南地区特殊地形下产生的浅薄系统。它通常出现在700 hPa或850 hPa上,是一个具有气旋性环流的小低压。当它向偏东或东南方向移动时,就会影响贵州省[8]。

从低涡型合成图来看(图6a),14时低涡中心位于四川西北部,中心值为3030 gpm,贵州省主要受低涡外围的西南气流影响,西南低涡闭合完整,低纬地区急流不明显,但由于来自南海的东南风和来自孟加拉湾的西南风对水汽的稳定输送,为暴雨过程提供了充足的水汽条件[9]。

从切变型的合成图上看(图6b),切变位于贵州省东北部、重庆、武汉地区,贵州省主要受西南气流影响,低纬地区也没有明显的急流存在,来自孟加拉湾的西南风的南风分量比低涡型稍微偏强,持续稳定的水汽输送,为暴雨过程提供了充足的水汽条件[10]。

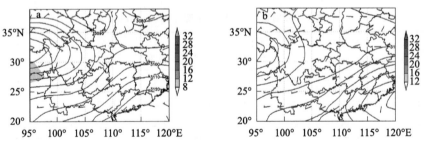

图6 700 hPa高度场(线条,单位:gpm)和风场(风羽)风速≥12 m·s^{-1}(填色,单位:m·s^{-1})合成图
(a)低涡型;(b)切变型

通过以上分析可以看出,低涡型的MCC产生于西南低涡的右后方,切变型的MCC产生于低空切变的左前方。700 hPa的急流、西南低涡及切变的存在,为MCC暴雨提供了水汽和动力条件。西南低涡的移出路径,切变的南压速度,也决定了MCC发展的快慢和影响范围。

5.2 地面冷空气

在低涡型合成图中可以看出(图7a),在暴雨发生当日的20时,高原上有强冷平流入侵,冷空气以西北路径为主,强冷平流中心位于四川北部一带,中心强度在-9×10^{-5} ℃·s^{-1};贵州省为暖平流,中心强度在 $2×10^{-5}$ ℃·s^{-1};冷暖平流交汇于川南到贵州省西北部一带,导致该地降水强度增强。任余龙等[11]指出,降水强度和对流层中层冷平流有很好的相关,随着冷平流的增强,降水强度也迅速增大;暖平流对降水强度起到维持的作用。

在切变型合成图中可以看出(图7b),在暴雨发生前一日的 20 时,冷平流也主要来自西北路径,强冷平流中心位于四川北部一带,中心强度在 $-5×10^{-5}$ ℃·s^{-1};比低涡型的略小,贵州省以暖平流为主,中心值在 $1×10^{-5}$ ℃·s^{-1},冷暖平流的交汇区位于贵州省、湖南北部、湖北中部,冷暖平流的交汇带沿着切变横跨了近 10 个纬距离,范围比低涡型明显偏大。但是冷暖平流的强度比低涡型偏弱。

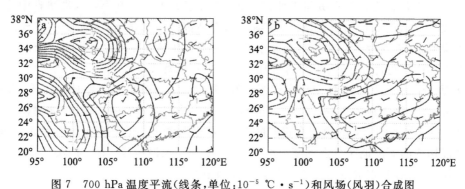

图7 700 hPa 温度平流(线条,单位:10^{-5} ℃·s^{-1})和风场(风羽)合成图
(a)低涡型;(b)切变型

5.3 高空辐散

低涡型 200 hPa 的合成图上(图8a),在 100°—120°E,30°—40°N,与低层的一致的偏西气流相对应,200 hPa 上出现了较强的西风急流,急流中心值达到 50 m·s^{-1},与 700 hPa 上的西南涡相对应,川南到贵州省为一致的反气旋环流,南亚高压的中心值达到 1255 dagpm,所以此次 MCC 的触发区就在贵州省西北部南亚高压北侧的强偏北风与西北风的交汇地带。

切变型 200 hPa 的合成图上(图8b),在中纬度 30°—40°N,基本上为一致的西风急流,急流中心值达到了 40 m·s^{-1}左右,急流区范围比低涡型大,但强度略微偏小,南亚高压的中心值为 1255 dagpm,范围也比低涡型要大,贵州省受南亚高压控制,西北气流影响。

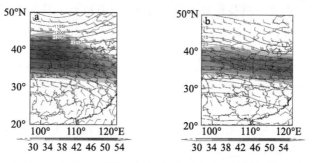

图8 200 hPa 高度场(线条,单位:dagpm)和风场(风羽)
≥12 m·s^{-1}风速(填色,单位:m·s^{-1})合成图
(a)低涡型;(b)切变型

以上分析表明,通过对比分析可以看出切变型的南亚高压和西风急流范围都比低涡型大得多,但是西风急流强度比低涡型略小,说明切变型的高空辐散明显,低涡型没有明显的辐散区。

6 物理量分析

从暴雨发生前一日 20 时低涡型合成图来看(图 9a),700 hPa 川南到贵州省为正涡度,正涡度中心位于贵州省西北部到贵州省西部一带,中心值为 1.0×10^{-4} s^{-1},贵州省中北部一带相对湿度较大,在 80% 以上,川北地区,湖南东部等地都是负涡度区,说明贵州省西北部边缘有强涡度梯度带,正涡度中心和相对湿度中心一般位于川南到贵州省西北部一带,与 700 hPa 上的低涡中心比较吻合,对暴雨中心落区具有很好的指示意义。

从暴雨发生前一日 20 时切变型合成图来看(图 9b),700 hPa 正涡度中心位于贵州省东部到湖南地区,中心值达到 2.5×10^{-4} s^{-1},同时该地区也是相对湿度的大值区,相对湿度基本上都在 85% 左右,与地面切变的位置有很好的对应,在正涡度中心的外围地区都是负涡度区,说明沿着江淮切变的周围地区有强涡度梯度带,有利于暴雨在该地区产生,正涡度和相对湿度中心则位于切变的南侧,在贵州省位于中部以东以南地区。

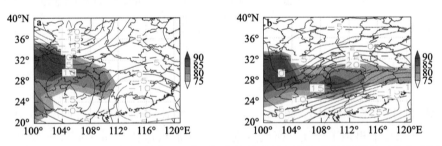

图 9 700 hPa 涡度场(线条,单位:10^{-5} s^{-1})和风场(风羽)及相对湿度(填色,%)合成图
(a)低涡型;(b)切变型

从以上分析可以看出,MCC 暴雨发生前一日的 20 时,贵州省均出现了正涡度中心和相对湿度中心,其中低涡型个例的正涡度中心位于川南到贵州省西部地区,切变型的正涡度中心则主要位于贵州省东部到湖南地区。正负涡度交汇区有强涡度梯度带,对暴雨中心落区具有很好的指示意义。同时正涡度平流使得地面气旋发展,地面辐合上升加强,为 MCC 的暴雨发生发展提供了动力抬升条件。

7 结论与讨论

(1)毕节地区威宁县是 MCC 的主要发源地,700 hPa 西南低涡和江淮切变的存在是贵州省 MCC 暴雨的主要诱发系统。

(2)低涡型 MCC 暴雨关键区主要集中在贵州省西南部地区,切变型 MCC 暴雨关键区主要集中在贵州省中东部地区。

(3)低涡型 MCC 暴雨个例中对流云系以单核居多,偏心率较大,云团边缘比较光滑,冷云罩覆盖面积偏小,云顶最低亮温较低。切变型MCC暴雨个例则以多核为主,偏心率相对于西南低涡MCC暴雨个例偏小,云罩面积偏大,最强时基本上覆盖整个贵州省,暴雨持续时间更长,范围也比较大。

(4)大多数影响贵州省的MCC生成于13—17时,并在暴雨发生前一日的23时到当日04时加强,此规律对暴雨预报和暴雨短临预警的发布有很好的指示意义。

(5)在MCC暴雨发生的前一日,低涡型和切变型在贵州省西北部均出现了高层辐散,切变型的高层辐散范围更大。

(6)影响贵州省的冷空气路径主要以西北路径为主,冷平流产生的源地对MCC暴雨个例类型有明显的影响。MCC暴雨发生前贵州省出现了正涡度中心和相对湿度中心,其中低涡型MCC暴雨个例的正涡度中心位于川南到贵州省西部地区,切变型MCC暴雨的正涡度中心主要位于贵州省东部到湖南地区。正负涡度交汇区有强涡度梯度带,对暴雨中心落区具有很好的指示意义。

参考文献

[1] 王兴菊,罗喜平,李启芬,等.2015年6月MCC造成的贵州省大暴雨过程分析[J].贵州气象,2016,40(3):6-13.

[2] MADDOX R A. Mesoscale convective complexes[J]. Bulletin of the American Meteorological Society, 1980,61(11):1374-1387.

[3] 薛春芳,侯建忠,陈小婷,等.青藏高原东北侧MCC特征分析[J].干旱气象,2017,35(2):214-224.

[4] 杨静,杜小玲,罗喜平.云贵高原东段山地MCC的普查和降水特征[J].高原气象,2015,34(5):1249-1260.

[5] 熊伟,罗喜平,周明飞.贵州省2次MCC暴雨诊断和触发机制对比分析[J].云南大学学报(自然科学版),2014(1):66-78.

[6] 刘蕾,陈茂钦,张凌云.柳州锋前暖区暴雨的分型及统计特征分析[J].气象研究与应用,2016,34(4):12-17.

[7] 朱乾根,林锦瑞,寿绍文,等.天气学原理和方法[M].北京:气象出版社,2007.

[8] 何光碧.西南低涡研究综述[J].气象,2012,38(2):155-163.

[9] 吴凡,阙志萍,龙余良.2014年5月中旬江西地区暴雨天气过程水汽输送特征分析[J].气象与减灾研究,2014,37(3):17-22.

[10] 刘红武,邓朝平,李伦,等.西南低涡东移影响湖南的统计分析[C].第31届中国气象学会年会S2灾害天气监测、分析与预报,2014.

[11] 任余龙,寿绍文.西北东部一次大暴雨数值模拟及中尺度分析[J].气象科学,2008(3):316-321.

2020 年贵州省一次 MCC 特大暴雨的诊断分析

王兴菊[1]　罗喜平[2]　王明欢[3]　周文钰[4]　蒙　军[1]　胡秋红[1]

(1. 安顺市气象局,安顺,561000;2. 贵州省人工影响天气办公室,贵阳,550000;

3. 中国气象局武汉暴雨研究所,武汉,430205;4. 贵州省气象台,贵阳,550000)

摘　要:利用常规气象观测资料、美国国家环境预报中心(NCEP)再分析资料以及气象卫星和多普勒天气雷达资料,通过对环流背景、卫星云图、多普勒天气雷达产品以及物理量分析研究,对 2020 年 6 月 30 日贵州特大暴雨过程进行诊断分析,发现此次特大暴雨过程是在高空多短波槽活动、中层弱冷空气的入侵、高空急流和低层切变长期维持以及西南暖湿气流的持续性输送共同影响下造成的。此次 MCC(中尺度对流复合体)对流云团生成于毕节市威宁县附近,在 MCC 对流云团的初始阶段,MCC 对流云团由块状向椭圆形发展,冷云罩面积逐步增大,云顶亮温中心值不断降低;成熟阶段由椭圆形逐步扩散为多边形,云顶亮温中心维持在−80 ℃以下;消亡阶段冷云罩面积和云顶亮温绝对值迅速减小。逐时短时强降水站数与冷云盖面积有很好的对应关系,在形成、成熟、消亡 3 个阶段分别呈现逐步上升、明显上升和迅速减小的趋势;在 MCC 成熟阶段最大小时降水量与云顶最低亮温有较好的对应关系。此次 MCC 特大暴雨过程中多普勒天气雷达强反射率因子基本集中在 4 km 以下,中低层越靠近地面反射率因子越强,强反射率因子接地,质心低。初始阶段反射率因子强度强,移速快,但生命史短,呈现单峰值分布;成熟阶段的强反射率因子范围大,持续时间长,移速慢,呈现多峰值分布。$\geqslant 44$ 的 TI 大值区长期维持,低层的暖平流和上升气流以及正涡度辐合,配合高层的冷平流和下沉气流以及负涡度辐散,为此次特大暴雨过程提供了有利的能量和动力条件。

关键词:MCC,特大暴雨,副热带高压,切变

引言

MCC 最早是由 Maddox[1]定义的典型的 α 中尺度(200～2000 km)对流系统,在红外云图上它表现为接近圆形的冷云盖。对于 MCC 的标准,Maddox 从生命史、外形、尺度等方面给出完整的定义。本文在卫星云图分析部分中采用了 Maddox 对 MCC 规定的标准。中尺度天气系统是暴雨天气的直接制造者,而 MCC 是我国南方夏季尤其是 6 月暴雨的主要影响系统之一。范俊红等[2]对河北省中部一次区域性暴雨进行了分析,发现 MCC 发生、发展在对流层中层的短波槽、高低空急流有利配置以及大气层结为中性或弱对流不稳定的环境条件下。柳林等[3]通过对 MCC 云图特征的研究,指出 MCC 是由几个 β 中尺度的对流云团发展加强合并而成。肖稳安等[4]分析了 MCC 的降水特征,指出在 MCC 发展到最强盛之前,降水呈逐渐增强的趋势。陶祖钰等[5]利用常规资料研究一次发生在河北的 MCC 暴雨过程,结果表明,MCC 在中低层是气旋式辐合环流,在对流层上部呈现中尺度反气旋式环流,这种环流特征与 MCC

热力结构相一致。井喜等[6]对淮河流域的一次 MCC 的环境流场和物理量特征进行了诊断分析。对于贵州的 MCC 暴雨特点，熊伟等[7]对贵州 2 次 MCC 暴雨诊断和触发机制对比分析；杨静等[8]对云贵高原东段山地 MCC 的普查和降水特征进行了分析。以上成果为本文研究提供了坚实的理论支撑。在此基础上，本文对 2020 年 6 月 30 日贵州省的特大暴雨过程进行分析，了解此次特大暴雨过程中各阶段卫星云图、多普勒天气雷达产品、物理量及降水分布特点，旨在提高对贵州省 MCC 暴雨天气发生发展的成因认识，以期对以后的贵州 MCC 暴雨天气过程提供有价值的预报思路。

1 资料和实况

本文使用的资料包括：①2020 年 6 月 29 日 08 时—30 日 08 时 fnl 再分析资料（水平分辨率 1°×1°）以及常规的地面、高空观测资料，国家卫星中心提供的 FY-2G 卫星云图资料；②2020 年 6 月 29 日 20 时—30 日 20 时贵州省逐时气象要素观测数据和地面填图资料，该资料由贵州省气象信息与技术保障中心提供，其中，气象要素包括相对湿度（RH）、能见度（VIS）、2 min 风向风速、海平面气压（P_0）、3 h 变压（P_{03}）、24 h 变压（P_{24}）、气温（T）、24 h 变温（T_{24}）等要素。

2020 年 6 月 29 日 20 时—30 日 20 时，贵州省共出现 4 站特大暴雨，90 站大暴雨，309 站暴雨，由此次 MCC 带来的强降水主要集中在贵州中西部及北部地区，最大降水量为晴隆县长沙乡 212.7 mm。

2 T-$\ln P$ 图分析

在 MCC 的初始阶段，从 29 日 08 时贵阳站的 T-$\ln P$ 图上看（图 1a），贵阳站层结不稳定，呈现下湿上干的分布，0 ℃层高度位于 500 hPa 附近，−20 ℃层高度位于 300 hPa 附近，K 指数达到 42.1 ℃，SI 指数−1.51 ℃。中低层为一致的西南急流，高层为偏北风，风向随高度顺转，有暖平流存在，有利于强降水的产生。

从 29 日 08 时贵阳站的物理量列表来看，CAPE 值 960.8 J·kg^{-1}，LI 值−1.34，短时强降水的潜势非常明显。到了 29 日 20 时（图 1b）南风上升到 300 hPa 附近，不稳定层结更加明显，CAPE 值 2159.3 J·kg^{-1}，LI 值−3.58，短时强降水的潜势更加明显，有利于强降水的产生。

3 环流形势分析

从 29 日 08 时的高空图上看，200 hPa 上（图 2a）超过 30 m·s^{-1}的高空急流位于 35°—45°N，贵州受强大的南亚高压东侧偏北气流影响，位于高空急流轴右侧的风速辐散区，高空急流的抽吸作用有利于 MCC 的发展。500 hPa 上（图 2b）中纬地区有短波槽东移影响，低纬地区两高对峙，副高活跃，贵州受副高西北侧偏西南气流影响，四川南部及云南中部有切变存在，高原上有

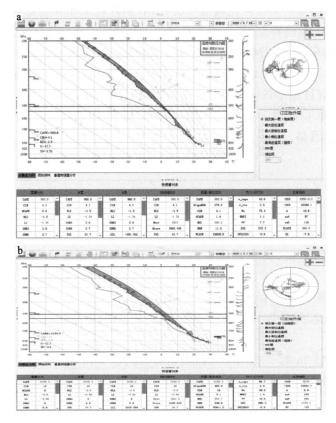

图1 2020年6月29日贵阳站 T-ln$P$ 图

(a)08时;(b)20时

弱冷空气向南渗透,短波槽前的弱冷空气有利于不稳定能量的触发,使得对流云团在贵州形成。700 hPa(图2c)存在明显的风向切变,切变位于湖北南部、重庆南部、四川南部一线,贵州位于切变南部,一致的西南气流为贵州降水带来了充沛的水汽和正涡度,川南到贵州西北部有暖平流。850 hPa上(图2d)切变位于重庆到贵州北部,贵州西北部有低涡,川南也有明显的暖平流。

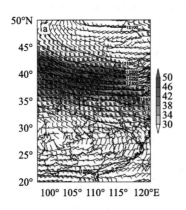

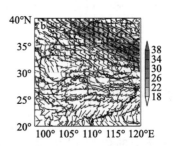

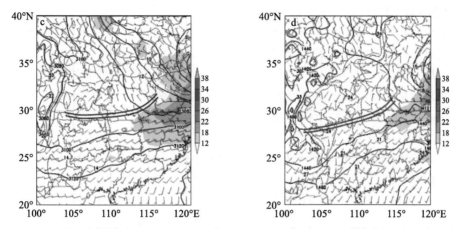

图2　2020年6月29日14时各层风场(风羽)和急流(填色,单位:m·s⁻¹)

(a)200 hPa高度场(线条,单位:gpm);(b)500 hPa高度场(线条,单位:dagpm);

(c)700 hPa高度场(线条,单位:gpm);(d)850 hPa高度场(线条,单位:gpm)

到30日02时,MCC的成熟阶段,200 hPa上的高空急流维持,风速加大;500 hPa副高明显东退,贵州受偏西到西南气流影响;700 hPa切变更加逼近,横切变西段南压到贵州北部一线,云南境内有暖舌向贵州西部伸展;850 hPa上切变已经南压到贵州中部。

从以上分析可以看出,在此次MCC从形成到成熟阶段,贵阳站 $T\text{-}\ln P$ 图上中低层为一致的西南急流,高层为偏北风,风向随高度顺转,有暖平流存在,29日20时超过2000 J·kg⁻¹的CAPE值有利于强降水的产生。同时高空多短波活动,副高活跃,高原有冷空气向贵州渗透,高空急流的抽吸作用,中层弱冷空气的入侵,低层切变长期维持以及西南暖湿气流的输送,为此次过程提供了充沛的水汽和动力条件。

4 MCC的发展及降水特点

4.1 对流云团的形成发展

(1)初始阶段(29日14—23时)

从零散的对流系统到TBB≤−52 ℃冷云覆盖范围首次达到5万 km² 的阶段。此阶段发生在地面α中尺度低涡切变上的β中尺度对流串发展,再加强合并为一个α中尺度云团。29日14时(图3a),毕节市赫章县附近有β中尺度的对流云团生成,直径61 km,中心TBB值−38 ℃;20时(图3b)对流云团继续扩展增强,与纳雍附近对流云团合并为一个偏心率较小的α中尺度的椭圆形对流云团,最低TBB达到−83 ℃,≤−52 ℃的冷云盖面积为1.9万 km²。21—23时,偏心率和冷云罩面积明显增大,到了23时(图3c)偏心率为0.7,≤−52 ℃的冷云覆盖面积达到了5万 km²,达到MCC的标准。此阶段冷云罩面积逐步变大,从不规则的块状云系逐步发展为边界光滑的椭圆形对流云系,最大TBB梯度位于对流云团的西南部,对流云团由初期的多个核心合并为一个单核的强中心,云顶最低亮温达到了−84 ℃。

（2）成熟阶段（30日00—05时）

从 α 中尺度云团≤−52 ℃冷云盖面积超过 5 万 km² 到≤−52 ℃冷云盖面积达到最大。此阶段冷云罩面积迅速增大扩展，从 00 时（图 3d）的 6.5 万 km² 增强为 05 时的 15.1 万 km²，云罩面积扩展了近 3 倍，云顶最低亮温达到−86 ℃，此阶段云顶最低亮温均在−80 ℃以下，冷云罩形状从规则的椭圆形逐步发展为不规则的多边形，到了 05 时边界已经不再光滑，单独的冷云核中心又逐步分裂为两个核心（图 3e）。

（3）消亡阶段（30日06—08时）

从≤−52 ℃冷云盖面积达到最大，然后开始减小到≤−52 ℃冷云盖面积＜5 万 km² 的阶段。此阶段≤−52 ℃的冷云罩面积迅速减小，到 08 时（图 3f）减小为 4.1 万 km²。α 中尺度特征逐步消失，发散为多个不规则的块状云系，云顶最低亮温逐步回升，到 08 时为−63 ℃。

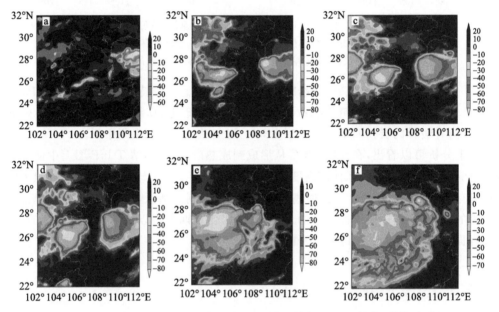

图 3　2020 年 6 月 29 日 14 时—30 日 08 时云顶亮温 TBB（填色，单位：℃）

(a)29 日 14 时；(b)29 日 20 时；(c)29 日 23 时；(d)30 日 00 时；(e)30 日 05 时；(f)30 日 08 时

从以上对 MCC 发生发展到消亡的 3 个阶段分析可以看出，此次 MCC 是由生成于毕节市威宁县附近的 β 中尺度对流云团起源，合并周围的对流云团并不断向贵州南部扩展造成的。在 MCC 的初始阶段，云罩边界光滑，由块状向椭圆形发展，冷云罩面积逐步增大，云顶亮温中心值不断降低；成熟阶段冷云罩面积迅速扩大，由椭圆形逐步扩散为多边形，云顶亮温中心值维持在−80 ℃以下；消亡阶段是对流云系的 a 中尺度特征逐步瓦解的过程，冷云罩面积和云顶亮温绝对值迅速减小。

4.2　MCC 的各阶段的降水特点

将各阶段的逐时短时强降水站数、≤−52 ℃冷云盖面积、云顶亮温进行对比分析，发现以下特点（图 4、图 5）。

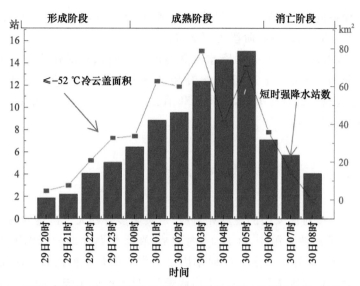

图 4　MCC各阶段≤-52 ℃冷云盖面积(红色方块,右侧纵坐标,单位:km²)

和短时强降水站数(蓝色柱,左侧纵坐标,单位:站)

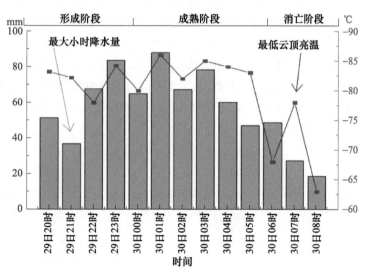

图 5　MCC各阶段最大小时降水量(蓝色柱,左侧纵坐标,单位:mm)

和云顶最低亮温(红色方块,右侧纵坐标,单位:℃)

初始阶段:逐时的短时强降水站数和最大小时降水量明显增加,到了初始阶段的 23 时,贵州短时强降水站数达到 33 站,最大小时降水量为晴隆县长沙村的 83.7 mm,较 20 时降水范围和强度都明显增大。

成熟阶段:与冷云罩面积迅速扩大相对应,短时强降水站数对比初始阶段出现了成倍的增长,降水范围不断扩大,从贵州西北部向贵州中西部扩展。05 时贵州省短时强降水 70 站,仍然维持较高的值,较 00 时明显增加,仅次于 03 时的 79 站。此阶段的最大小时降水量出现在 01 时晴隆县中营乡达到 88.1 mm,对应该站点的云顶亮温为 -86 ℃,然后最大小时降水量逐步下降。到 05 时,最大小时降水量为盘县普古乡 40.1 mm,较 00 时明显减弱。

消亡阶段:此阶段贵州省降水明显减弱,到了 06 时贵州省短时强降水站数为 36 站,较成熟阶段的 05 时减少将近一半,到 08 时,贵州省范围内已经没有短时强降水出现,对应此次时的云顶最低亮温为-63 ℃,较成熟阶段也明显升高。

从以上分析可以看出,逐时短时强降水站数与冷云盖面积有很好的对应关系,在形成、成熟、消亡 3 个阶段分别呈现逐步上升、明显上升和迅速减小的趋势;最大小时降水量在成熟阶段与云顶最低亮温有较好的对应关系,在初始和消亡阶段的某些时次,虽然亮温很低,小时降水量却不如成熟阶段那么大。

5 多普勒天气雷达反射率因子分析

初始阶段:与中尺度对流云团的发展相对应,从贵阳多普勒天气雷达的反射率因子[9]图上可以看出,反射率因子回波起源于 29 日 14 时之后,在贵州西北部的低涡附近生成了对流单体,到了 20 时(图 6a)发展为镶嵌多个反射率因子强中心的片状回波,21 时(图 6b)在纳雍和水城北部,多个组合反射率因子强中心基本连成带状,反射率因子强中心超过了 50 dBZ,21 时的短时强降水也发生在该地区[10]。到了 23 时(图 6c),反射率因子强中心已经影响整个六盘水地区,呈片状分布,并开始向安顺北部边缘发展。初始阶段的反射率因子强中心主要影响贵州省西北部的毕节市和六盘水市。

成熟阶段:24 日 00 时(图 6d)反射率因子强中心南压至安顺到黔西南北部,01 时(图 6e)该区域短时强降水急增,贵州省 63 站的短时强降水有 43 站出现在安顺、六盘水、黔西南,最大短时强降水也发生在这一时次的晴隆中营。05 时(图 6f)安顺南部、黔西南北部仍然有较强的反射率因子,反射率因子强中心仍然超过了 40 dBZ。成熟阶段的反射率因子强中心主要影响贵州西南部的安顺市、黔西南州等地。

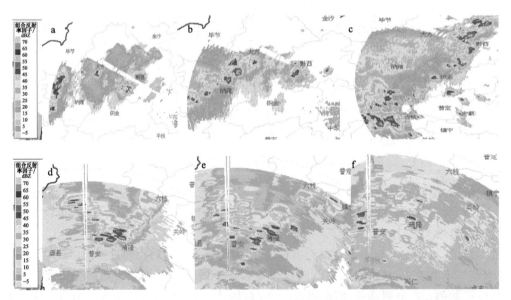

图 6　2020 年 6 月 29 日 20 时—30 日 08 时组合反射率因子(填色,单位:dBZ)
(a)29 日 20 时;(b)29 日 21 时;(c)29 日 23 时;(d)30 日 00 时;(e)30 日 01 时;(f)30 日 05 时

挑选了大方作为初始阶段、晴隆作为成熟阶段的代表站点进行反射率因子特征分析。初始阶段大方反射率因子在20时（图7）前后出现了强单体，中心值超过55 dBZ，45 dBZ反射率因子顶高达到12 km，呈现单峰值分布，强反射率因子已经接地，并且都集中在4 km以下，29日20—21时，强反射率因子持续了近1 h之后减弱到30 dBZ以下的阵雨反射率因子。成熟阶段晴隆的强反射率因子也集中在4 km以下（图8），反射率因子顶高在8 km左右，反射率因子呈现多峰值分布，中心值超过45 dBZ的时段出现了4次。

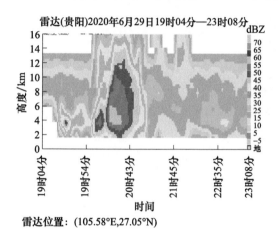

图7　2020年6月29日19—23时大方反射率因子（填色，单位：dBZ）时间序列垂直剖面图

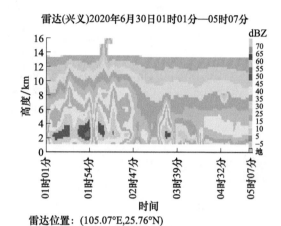

图8　2020年6月30日01—05时晴隆反射率因子（填色，单位：dBZ）时间序列垂直剖面图

选取了大方和晴隆周围近500 km²的区域统计组合反射率因子强度特征，发现初始阶段的大方区域内（图9），大部分反射率因子强度为在30 dBZ以下，平均值为26.3 dBZ，超过35 dBZ的反射率因子面积为132 km²。成熟阶段晴隆境内以35 dBZ以上的反射率因子为主（图10），超过35 dBZ的反射率因子面积为448 km²，平均值为39.2 dBZ。

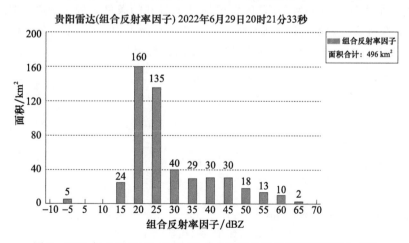

图9　2020年6月29日20时21分大方组合反射率因子面积分布图

从以上分析可以看出，初始阶段强反射率因子强度强，但生命史短，呈现单峰值分布；成熟阶段的强反射率因子范围大，持续时间长，呈现多峰值分布。共同特点是强反射率因子基本集中在4 km以下，中低层越靠近地面反射率因子越强，质心位置较低，强反射率因子接地，有利于强降水的产生。

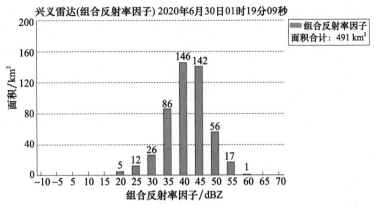

图 10　2020 年 6 月 30 日 01 时 19 分晴隆组合反射率因子面积分布图

6 物理量分析

6.1 热力条件分析

为了更好的分析 MCC 发展过程中能量的演变情况,本文将引入由 850 hPa 和 500 hPa 资料共同计算的总指数 TI 进行分析。

$$TI = (T_{850} - T_{500}) + (T_{d850} - T_{d500}) \tag{1}$$

张杰[11]指出,$TI \geqslant 44$ 时对深对流发展有利,$TI \geqslant 54$,则有可能发展为强烈的对流天气。29 日 14 时(图 11a)贵州西北部 TI 指数为 52,且贵州除了东北部边缘,其余地区总指数均超过了 44,该地区的大气不稳定为 MCC 的发展提供了有利的条件。到了成熟阶段 30 日 02 时(图 11b),整个贵州的总数都超过了 50,强中心开始向东南方向移动,中心值 58。从初始阶段到发展阶段持续性 $\geqslant 44$ 的 TI 值,为此次的特大暴雨过程提供了充足的能量条件。

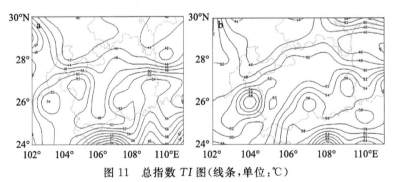

图 11　总指数 TI 图(线条,单位:℃)
(a)2020 年 6 月 29 日 14 时;(b)2020 年 6 月 30 日 02 时

6.2 抬升条件分析

温度平流在天气系统的发生发展过程中起着重要作用,上冷下暖的温度平流使气温直减率增大,大气层结趋于不稳定。选用 26°N 制作了温度平流和垂直速度的剖面图,29 日 14 时(图12a),MCC 的形成阶段,在毕节市威宁县附近,700~800 hPa 有暖平流,中心值为 1.2×10^{-5} ℃·s^{-1},对应的垂直速度场上低层也有明显的上升运动区与该暖平流区相匹配,650~500 hPa 则对应冷平流和下沉气流。到了成熟阶段 30 日 02 时(图12b),低层的暖平流和上升气流仍然维持,且强中心向贵州东南部伸展,为此次的特大暴雨过程提供了抬升条件。

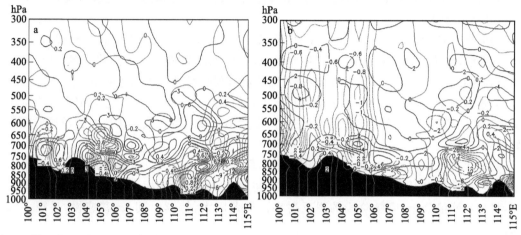

图 12　沿 26°N 温度平流(红色线条,单位:10^{-5} ℃·s^{-1})和垂直速度(黑色线条,单位:Pa·s^{-1})垂直剖面图
(a)6 月 29 日 14 时;(b)6 月 30 日 02 时

6.3　涡度和散度的中尺度特点

从初始阶段 29 日 14 时(图13a)的散度和涡度场来看,200 hPa 上 MCC 的形成区域与一个中尺度的辐散和负涡度系统相配合;在 700 hPa 以下,对应的是正涡度和辐合中心,涡度和散度的中心值都达到了 2×10^{-5} s^{-1}。这与陶祖钰等[12]研究的 MCC 第二基本形式一致,在对流层低层存在气旋式涡旋。到了 30 日 02 时(图13b),MCC 的成熟阶段,依然维持低层正涡度辐合,高层负涡度辐散的中尺度特点,正涡度中心值加强到了 5×10^{-5} s^{-1},更有利于 MCC 的发展加强。

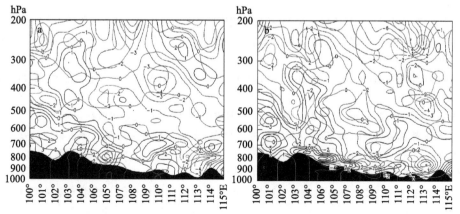

图 13　沿 26°N 散度(红色线,单位:10^{-5} s^{-1})和涡度(黑色线条,单位:10^{-5} s^{-1})垂直剖面图
(a)6 月 29 日 14 时;(b)6 月 30 日 02 时

7 结论与讨论

(1)在此次特大暴雨过程高空多短波槽活动中,中层弱冷空气的入侵,高空急流和低层切变长期维持,大的 CAPE 值的存在以及西南暖湿气流的持续性输送,为此次过程提供了充沛的水汽和动力条件。

(2)此次 MCC 生成于毕节市威宁县附近,在 MCC 的初始阶段,由块状向椭圆形发展,冷云罩面积逐步增大,云顶亮温中心值不断降低;成熟阶段由椭圆形逐步扩散为多边形,云顶亮温中心维持在-80 ℃以下;消亡阶段冷云罩面积和云顶亮温绝对值迅速减小。

(3)逐时短时强降水站数与冷云盖面积有很好的对应关系,在形成、成熟、消亡 3 个阶段分别呈现逐步上升、明显上升和迅速减小的趋势;最大小时降水量在成熟阶段与云顶最低亮温有较好的对应关系。

(4)此次特大暴雨过程中强反射率因子基本集中在 4 km 以下,中低层越靠近地面反射率因子越强,强反射率因子接地,质心位置较低。初始阶段强反射率因子强度强,移速快,但生命史短,呈现单峰值分布;成熟阶段的强反射率因子范围大,持续时间长,移速慢,呈现多峰值分布。

(5)≥44 的 TI 大值区长期维持,低层的暖平流和上升气流以及正涡度辐合,配合高层的冷平流和下沉气流以及负涡度辐散,为此次特大暴雨过程提供了有利的能量和动力条件。

参考文献

[1] MADDOX R A. Meso-scale convective complex[J]. Bulletin of the American Meteorological Society,1980, 61(11):1374-1387.

[2] 范俊红,王欣璞,孟凯,等.一次 MCC 的云图特征及成因分析[J].高原气象.2009(6):1388-1398.

[3] 柳林,张国胜.鲁西北中尺度对流复合体环境场特征[J].气象,2000,26(11):40-44.

[4] 肖稳安,褚昭利,徐辉.中尺度对流复合体的降水特征和预报[J].南京气象学院学报,1995,18(1): 107-113.

[5] 陶祖钰,黄伟,顾雷.常规资料揭示的中尺度对流复合体的环流结构[J].热带气象学报,1996,12(4): 372-379.

[6] 井喜,井宇,李明娟,等.淮河流域一次 MCC 的环境流场及动力分析[J].高原气象,2008,27(2):349-357.

[7] 熊伟,罗喜平,周明飞.贵州 2 次 MCC 暴雨诊断和触发机制对比分析[J].云南大学学报(自然科学版), 2014,36(1):66-78.

[8] 杨静,杜小玲,齐大鹏,等.云贵高原东段山地 MCC 的普查和降水特征[J].高原气象,2015,34(5): 1249-1260.

[9] 俞小鼎,姚秀萍,熊廷南,等.多普勒天气雷达原理与应用[M].北京:气象出版社,2006.

[10] 张勇,吴胜刚,张亚萍,等.基于 SWAN 雷达拼图产品在暴雨过程中的对流云降水识别及效果检验[J]. 气象,2019,45(2):180-190.

[11] 张杰.中小尺度天气学[M].北京:气象出版社,2006.

[12] 陶祖钰,黄伟,顾雷.常规资料揭示的中尺度对流复合体的环流结构[J].热带气象学报,1996,12(4): 85-92.

第二部分

低温雨雪及冷空气

■ 低温雨雪及冷空气概述

　　低温雨雪冻雨灾害主要发生在冬季,这种气象灾害是由降雪(雨夹雪、霰、冰粒、冻雨等)或降水后遇低温形成的积雪、结冰现象造成。雨淞(贵州一般叫做凝冻),是贵州主要灾害性天气之一,其出现次数居全国之首,严重的雨淞天气,可破坏有线通信,影响电力输送,中断交通运输,毁坏树木,冻死牲畜,甚至冻坏小季作物。低温雨雪冰冻天气过程是指长时间(持续天数≥6 d)维持近地面低温并伴有连续降雪、冰冻的天气过程,即最高气温≤1 ℃、平均气温≤0 ℃伴有冻雨和雨雪的天气过程。冻雨(冰雨、雨淞)天气,是一种严重的灾害性天气,它会给交通运输、电力传输、通信设施、农业生产、群众生活带来极大影响。

　　贵州省是中国冻雨最多的地方,大多数过程与滇黔静止锋相联系,地处贵州西部的安顺也是冻雨和低温雨雪灾害性天气频发的地区。尤其是 2008 年 1 月 13 日—2 月 13 日的持续性冻雨和低温雨雪灾害性天气,对安顺市的农业、交通、电力、通信都造成了极大的损害,本部分通过对低温雨雪天气的研究,对以后低温雨雪预警预报提供一些思路。

贵州省两次低温雨雪冰冻天气过程对比分析

王兴菊[1]　汪　超[2]　李启芬[1]　周文钰[1]　吴哲红[1]

(1. 安顺市气象局,安顺,561000;2. 贵州省气象台,贵阳,550002)

摘　要:使用美国国家环境预报中心(NCEP)再分析资料(水平分辨率2.5°×2.5°)以及常规的地面观测资料对贵州省2008年1月13日—2月14日和2016年1月21—25日的低温雨雪凝冻天气过程进行分析。结果表明,2008年贵州以低温雨雪凝冻冰冻为主,持续时间长,贵州的冬季冰冻日数和降水量都超过了历史同期;2016年以降温为主,降温幅度比2008年明显。2008年的气候背景为一般强度的拉尼娜事件,2016年的气候背景为超强厄尔尼诺事件。在这两次低温雨雪凝冻天气过程中,都是由于北极地区的突然升温,之后暖舌向东南方向发展,使得北极涡旋逐步被暖舌挤出极地,然后逐步向南发展引发贵州甚至全国性的大范围强降温。2008年是一个长期的低温雨雪凝冻过程,中层有明显的逆温存在,为这次持续性的凝冻过程提供了温度层结条件;2016年是一次强寒潮天气过程,中层逆温不明显,只在21日夜间出现了明显降雪,之后以低温为主,凝冻不是很明显。两次低温雨雪凝冻过程都有明显的锋区和上升气流存在,其中2008年的锋区和上升气流的持续时间比2016年长。

关键词:雨淞,雪,拉尼娜,厄尔尼诺

引言

雨淞,在贵州又名低温雨雪冰冻,是贵州主要的灾害性天气之一。当低温雨雪冰冻严重的时候,可能会破坏当地的电力输送、有线通信,并使交通中断、树木毁坏,还可能使得牲畜冻死、小季作物冻坏等。从1973年开始,贵州省气象台和中央气象台就在天气气候方面对雨淞进行研究。特别是在2008年初大范围的低温雨雪冰冻天气在我国南方出现以后,国内很多学者从大气环流的异常、冻雨的发生发展机制方面进行了深入研究。孙建华[1]、赵思雄[2]、陶诗言[3]通过对环流背景的研究指出了欧亚大陆大气环流异常、阻塞形势在中高纬度的稳定维持对冻雨天气的发生发展非常有利。丁一汇等[4]对2008年中国南方和西亚以及南亚各国遭到的寒流灾情进行了全面的描述,并从环流背景和全球变暖进行了分析,得出了以下结论:十分稳定的欧亚环流形势是2008年1月冰雪灾害发生的极其重要的大尺度环流背景,拉尼娜冷事件是这次冰雪灾害发生和持续的气候背景。杜小玲[5-8]揭示了贵州冻雨频发地带的原因以及准静止锋的锋区结构。

1 实况对比分析

在 2008 年 1 月 13 日—2 月 14 日贵州出现了持续时间超过 1 个月的低温雨雪凝冻天气，在 1 月下旬到 2 月中上旬贵州日平均气温<1 ℃的连续日数达到了 19.7 d，已经达到了历史极值，其中威宁站持续日数 38 d，为持续时间最长的站[7]。

2016 年 1 月 21—25 日，贵州省出现了大范围的低温雨雪凝冻天气，出现降雪 84 个县（市、区），其中出现积雪的有 56 个县（市、区），习水积雪深度达到 24 cm，为此次过程最大。电线结冰出现了 36 个县（市、区），其中最大为万山为 36 mm（含导线直径 26.8 mm），最低气温降至 0 ℃以下的有 5 个县（市、区），地表温度在 0 ℃以下的有 68 个县（市、区），以威宁−3.9 ℃为最低。出现单站凝冻 14 站，有 9 站达到了中级凝冻。10 个站出现极端低温事件，威宁达到−11.7 ℃，为 1961 年以来第一低值。

2008 年贵州以低温雨雪凝冻为主，持续时间长，贵州的冬季冰冻日数和降水量都超过了历史同期，有 43 个县的冻雨持续天数超过了历史同期，万山的电线结冰厚度达到 83 mm，威宁 53 mm，均突破了历史极值；2016 年的降温比 2008 年明显，10 个站出现极端低温事件，2016 年最低气温为威宁的−11.7 ℃，2008 年最低气温为威宁的−10.2 ℃。

2 气候背景分析

中国气象局 ENSO 监测小组以赤道东太平洋 5°N—5°S，120°—170°W 海域月平均海温距平≥0.5 ℃（或≤−0.5 ℃）为指标，每次持续时间应该不少于半年，中间可以间断 1 个月，定义为一次厄尔尼诺（或反厄尔尼诺）事件。

国家气候中心的评估表明，赤道中东太平洋从 2014 年开始并维持的厄尔尼诺事件，是 20 世纪有观测记录以来最强的。与厄尔尼诺现象刚好相反的另一种海洋现象是拉尼娜事件，气候上把赤道东太平洋地区海表温度持续异常偏冷的海洋现象称为拉尼娜事件，它是与厄尔尼诺现象相反的海洋现象，表现为海温的持续偏冷。

从 2007—2008 年的海表温度距平时间—经度分布（图 1a）可以看出，从 2007 年 6 月开始，赤道东太平洋地区海表温度开始出现了−0.5 ℃的海温距平，并逐步增强，到 2007 年 12 月增强到−1 ℃，2008 年 1 月发展到最强，达到了−2 ℃，并一直维持到 2008 年 6 月，持续时间 11 个月，达到一次完整的拉尼娜事件。从 2014—2016 年的海表温度距平时间—经度分布（图 1b）可以看出，从 2014 年 11 月开始，赤道东太平洋海表温度开始>0.5 ℃，从 2015 年 6 月开始，温度距平开始呈暴发式增强，到 2015 年 12 月达到最强 3 ℃，并持续到 2016 年 5 月，持续时间超过 20 个月，达到了一次完整的厄尔尼诺事件。

本文还列出了从影响时间和强度等方面对两次事件进行定性的对比分析（表 1）。2007 年 8 月—2008 年 6 月出现了拉尼娜事件，为 2008 年 1 月低温雨雪凝冻天气的气候背景，此次拉尼娜事件持续时间为 11 个月，海温比常年偏低的峰值为 2008 年 1 月的−1.4 ℃，海温比常年偏差的距平累计值为−10.9 ℃，强度定性为一般。2016 年的气候背景为厄尔尼诺事件，从 2014 年 9 月开始持续到 2016 年 6 月，持续时间达到 19 个月，海温比常年偏高的峰值为 2015

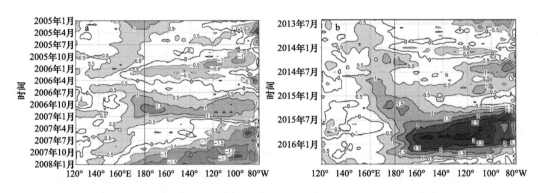

图1 赤道东太平洋海表温度距平(线条,单位:℃)时间—经度分布图
(a)2005—2008年;(b)2013—2016年

年11月的2.9 ℃,海温比常年偏差的距平累计值为26.9 ℃,气候上对此次事件的强度定性为超强。

表1 2008年拉尼娜事件和2016年厄尔尼诺事件对比分析

日期	气候背景	起止年月	持续月数	海温比常年偏高的峰值	峰值月份	海温比常年偏差的距平累计值	强度
2008年	拉尼娜事件	2007年8月—2008年6月	11	−2 ℃	2008年1月	−10.9 ℃	一般
2016年	厄尔尼诺事件	2014年9月—2016年6月	19	3 ℃	2015年11月	26.9 ℃	超强

3 环流背景分析

3.1 北极升温的影响

本文选取(73°N,60°E)作为北极代表点来分析两次低温雨雪凝冻过程发生前后的气温变化情况,从图2a可以看出2008年1月3日左右,该地区的气温也回升到了0 ℃以上,之后开始下降,到16日跌到−30 ℃左右,在2008年的低温雨雪凝冻天气过程中,冷空气的影响大致分为3个时段,时间节点分别为1月13日、1月23日、2月1日,在这3次冷空气的前期1月3日、1月18日、1月29日左右,该地的气温都会明显地回升到0 ℃左右,之后又逐步下降到最低。从图2b可以看出,2016年1月1—5日,该地区的气温也回升到了0 ℃以上,之后一路下降,到13日左右达到−25 ℃左右,然后在21日强冷空气暴发之前出现了两次明显振荡,在19日降到最低,接近于−30 ℃。在这两次低温雨雪凝冻天气过程中,正是北极地区的突然升温,并带动暖空气向东南方向发展,使得极地涡旋逐步被暖流挤出极地,然后逐步向南发展引发全国乃至贵州的大范围降温。

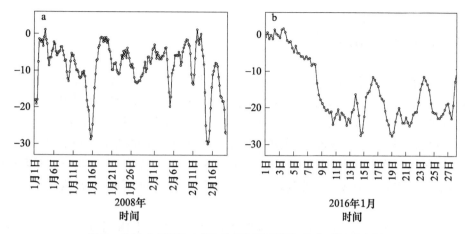

图2　北极点(73°N,60°E)地面气温(圆圈,单位:℃)时序图
(a)2008年1月13日—2月14日;(b)2016年1月21—25日

3.2　海平面气压和地面气温的影响

从2008年1月13日—2月14日的海平面气压和地面气温集合平均图(图3a)来看,受来自大西洋东部—欧洲西部和西太平洋两股较暖气团的挤压,冷高压中心到达了蒙古国一带,冷高压中心为1050 hPa,冷舌向我国东南方向伸展,1030 hPa等压线到达了贵州北部地区,贵州大部受1025~1030 hPa的等压线控制,平均气温在0~−5 ℃,北极地区仍然有冷中心存在,不断分裂冷空气南下。

从2016年1月21—25日海平面气压和地面气温集合平均图(图3b)来看,来自大西洋东部—欧洲西部的暖气团向东影响范围更广,基本挤压到了110°E以西的整个高纬地区,来自西太平洋的暖气流也很强,−5 ℃的等温线向西伸展到130°E附近,在两股暖气团的夹击下,使得北极涡旋带动冷空气一路南下,1060 hPa冷高压中心到达我国的内蒙古、乌鲁木齐一带,平均气温达到−30 ℃左右。1030 hPa等压线控制了我国大部分地区,南伸到广州附近,整个贵州地区基本上受1030~1035 hPa的等压线控制。

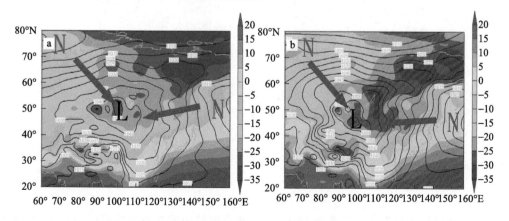

图3　海平面气压平均值(线条,单位:hPa)和平均地面气温(填色,单位:℃)
(a)2008年1月13日—2月14日;(b)2016年1月21—25日

3.3 阻塞高压的影响

2008年1月13—2月13日500 hPa高度场及其距平场图(图4a)上来看,高纬呈一槽一脊的形式,乌拉尔山地区阻塞形势明显,阻塞高压地区有120 gpm的正距平中心。可见,乌拉尔山阻塞形势较常年偏强,印缅槽区有—5～—10 gpm的负距平中心,印缅槽较常年略偏强,东亚大槽也偏强,槽区有—40 gpm的负距平中心。西太平洋副热带高压(以5880 gpm代表)略偏北,多年平均副热带高压脊线为13°N,2008年接近18°N左右,在副热带高压西侧的偏南风带动下,来自南方的暖湿气流向北输送,并交汇于贵州、长江中下游一带,造成该地区长期的低温、雨雪天气。

2016年1月21—25日500 hPa高度场值及其距平场图(图4b)上来看,中高纬地区呈一槽一脊的形势,乌拉尔山地区有明显的阻塞高压存在,中心值为5640 gpm,阻塞高压较常年明显偏强,在140°E以西的55°—85°N地区基本上都为正距平,其中乌拉尔山为正距平中心,达到了140 gpm,阻塞高压的强度较2008年的5400 gpm明显偏强。印缅槽也比2008年明显,槽区有—20 gpm左右的负距平。由于阻塞高压范围很大,向东基本上扩展到了140°E附近,导致东亚大槽的影响范围和强度较2008年都有所减小,2008年的东亚大槽中心值为5070 gpm,2016年为5100 gpm。贵州受印缅槽槽前偏西气流影响,西太平洋副高主体强盛,在整个低纬地区都为副高的正距平,出现了5710 gpm的高压中心,副高脊线也明显偏北,达到了20°N左右,中纬地区的西南气流更为明显,但由于阻塞高压过强,东亚大槽偏东,阻塞高压东侧偏北冷空气到达我国南方,西南暖湿气流与北方冷空气在我国的交汇不如2008年明显,除了西南地区,其他地区的降雪并不明显,以降雨为主,持续的时间也不如2008年长。

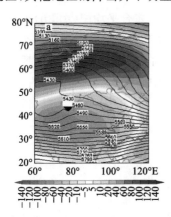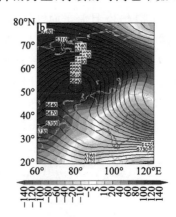

图4　500 hPa高度场(线条,单位:gpm)和500 hPa高度场距平(填色,单位:gpm)

(a)2008年1月11日—2月3日;(b)2016年1月21—25日

4 逆温分析

当雨滴落在温度0 ℃以下的寒冷物体表面,就会冻结为透明或半透明的坚实冰层,称为冻雨或雨凇[7]。低层冷空气的存在对于冻雨的形成至关重要,当北方有冷空气入侵我国时,这个条件就很容易满足,北方的冷空气一般先到达西北,然后是华北,最后到达长江以南,并在1500 m以下呈扇形展开,形成冷空气层,为冻雨的产生提供了冷垫条件,冷垫上面是暖层,又叫融化层,非常重要,它是降水形成的过渡层,降水率很高,伴随的天气现象一般为雨夹雪,或者是雨夹雪中伴有冻雨或冰丸。

2008年1月11日—2月3日沿27°N温度距平经度—高度剖面图(图5a)来看,在垂直方向上温度层结是呈"冷—暖—冷"的结构,逆温层主要有1 ℃左右的逆温;从时间序列图(图6a)来看,逆温最强的时段主要集中在1月16—30日左右,逆温中心上升到了600 hPa附近,尤其是在21—26日,中间暖层与底层冷层的温差达到8 ℃左右。

从2016年1月21—25日温度距平沿27°N经度—高度剖面图(图5b)来看,整层都没有明显的逆温存在,但从时序图(图6b)上看,过程降温非常明显,1月21在850 hPa上的温度为2 ℃左右,到24日降到了-12 ℃,过程降温达到14 ℃左右,在24日700 hPa附近达到了-14 ℃左右,在2008年低温雨雪凝冻期间,700 hPa上的温度最低也只达到-8 ℃左右。

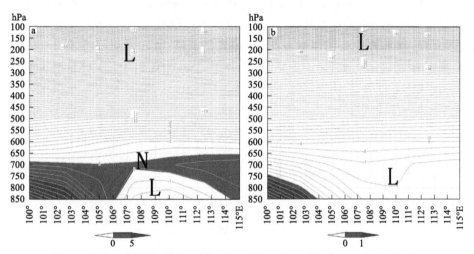

图5　温度纬向距平(线条,单位:℃)和湿度(填色,%)经度—高度剖面图
(a)2008年1月11日—2月3日;(b)2016年1月21—25日

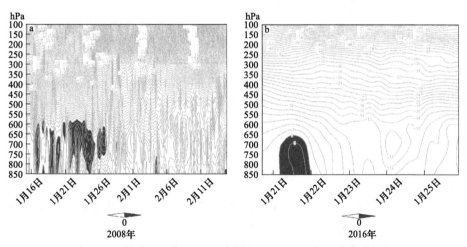

图6　温度(线条,单位:℃)和湿度(填色,%)时间—高度时序图
(a)2008年1月11日—2月3日;(b)2016年1月21—25日

对比可以看出,2008 年是一个长期的低温雨雪凝冻过程,中层有明显的逆温存在,为这次持续性的冻雨过程提供了温度层结条件。2016 年是一次强寒潮天气过程,以降温为主,只在21 日夜间出现了明显降雪,之后以低温为主,凝冻不是很明显。

5 假相当位温(θ_{se})和垂直速度(ω)

抬升条件是降雪的基本条件之一,从 2008 年的低温雨雪凝冻过程沿 27°N 的假相当位温和垂直速度时间－高度剖面图(图 7a)来看,850～700 hPa 一直有弱上升气流,假相当位温线也很密集,说明在整个凝冻期间低层一直有冷锋,配合一直存在的弱上升气流,造成了 2008 年1 月长时间、持续性的低温、雨雪、凝冻天气。

从 2016 年 1 月 21—25 日的沿 27°N 的假相当位温和垂直速度时间－高度剖面图(图 7b)看,在 22 日有明显的上升气流和锋区存在,上升气流与锋区汇合,并随高度在时间上向前倾斜,说明高层冷空气先于低层冷空气到达,前倾趋势比较明显,有利于水汽的降落和凝结。从假相当位温来看,22 日在中低层呈漏斗状,且随高度下降,并在低层维持了暖湿和不稳定条件,所以在贵州省 75 个县(市、区)出现降雪,其中 30 个县出现积雪。在其余时段假相当位温密集区和上升气流不再明显,所以降雪也不明显。

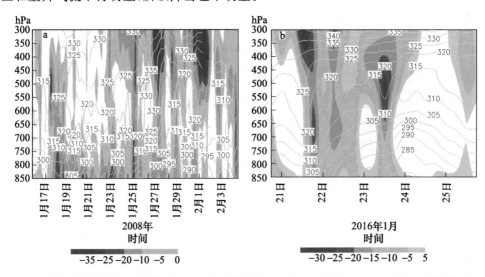

图 7 假相当位温(线条,单位:K)和垂直速度(填色,单位:10^{-3} hPa·s^{-1})时间－高度剖面图

(a)2008 年 1 月 11 日—2 月 3 日;(b)2016 年 1 月 21—25 日

6 结论

(1)2008 年贵州以低温雨雪凝冻为主,持续时间长,贵州的冬季冰冻日数和降水量都超过了历史同期;2016 年以降温为主,降温的幅度比 2008 年明显。

(2)2008 年的气候背景为一般强度的拉尼娜事件,2016 年的气候背景为超强厄尔尼诺事件。

(3)在这两次低温雨雪凝冻天气过程中,都是由于北极地区的突然升温,并带动暖空气向东南方向发展,使得北极涡旋逐步被暖流挤出极地,然后逐步向南发展引发全国乃至贵州的大范围降温。

(4)2008年是一个长期的低温雨雪凝冻过程,中层有明显的逆温存在,为这次持续性的凝冻过程提供了温度层结条件。2016年是一次强寒潮天气过程,中层逆温不明显,只在21日夜间出现了明显降雪,之后以低温为主,凝冻不是很明显。

(5)两次低温雨雪凝冻过程都有明显的锋区和上升气流存在,其中2008年的持续时间比2016年长。

参考文献

[1] 孙建华,赵思雄.2008年初南方雨雪冰冻灾害天气静止锋与层结结构分析[J].气候与环境研究,2008,13(4):368-384.

[2] 赵思雄,孙建华.2008年初南方雨雪冰冻天气的环流场与多尺度特征[J].气候与环境研究,2008,13(4):351-367.

[3] 陶诗言,卫捷.2008年1月我国南方严重冰雪灾害过程分析[J].气候与环境研究,2008,13(4):337-350.

[4] 丁一汇,王遵娅,宋亚芳,等.中国南方2008年1月罕见低温雨雪冰冻灾害发生的原因及其与气候变暖的关系[J].气象学报,2008,66(5):2080-2088.

[5] 杜小玲,蓝伟.两次滇黔准静止锋锋区结构的对比分析[J].高原气象,2010,29(5):1183-1196.

[6] 杜小玲,彭芳,武文辉.贵州冻雨频发地带分布特征及成因分析[J].气象,2010,36(5):92-97.

[7] 杜小玲,高守亭,许可.中高纬阻塞环流背景下贵州强冻雨特征及概念模型研究[J].暴雨灾害,2012,31(1):15-22.

[8] 杜小玲,高守亭,彭芳.2011年初贵州持续低温雨雪冰冻天气成因研究[J].大气科学,2014,38(1):61-72.

2008 年和 2011 年年初贵州低温雨凇分析

王兴菊[1,2]　白　慧[3]　陈贞宏[1]

(1. 安顺市气象局,安顺,561000;2. 贵州省山地气候与资源重点实验室,贵阳,550002;
3. 贵州省气候中心,贵阳,550002)

摘　要:2008 年 1 月和 2011 年 1 月,贵州都遭遇了历史罕见的低温雨雪冰冻灾害,这两次灾害过程具有降温幅度大、持续时间长、影响范围广、冰冻灾害重等特点,对农业、交通、电力、通信都造成了严重的影响,经济损失严重。分析了两次灾害的实况、可能成因及其影响。分析表明存在下列事件,拉尼娜事件的影响;欧亚 1 月阻塞形势的异常发展和大气环流形势持续稳定;中亚、西亚低值系统活跃,来自孟加拉湾和南海(印缅槽)出现持续的大量暖湿空气的向北输送。西太平洋副热带高压脊线明显偏北、面积偏大、强度偏强等是造成 2008 年 1 月贵州雨凇灾害的主要原因。拉尼娜事件的影响和欧亚阻塞异常偏强以及印缅槽的持续大量暖湿空气的向北输送是造成 2011 年 1 月贵州雨凇灾害的主要原因。但 2011 年 1 月西太平洋副热带高压偏弱,中亚、西亚低值系统活跃也不如 2008 年 1 月明显,所以低温雨雪冰冻强度和范围都小于 2008 年 1 月。

关键词:雨凇,阻塞高压,西太平洋副热带高压,南支槽,逆温

引言

贵州是中国冻雨最多的地方,大多数过程与滇黔静止锋相联系。何玉龙等[1]根据历年气候和探空资料,分析贵阳降雪和凝冻天气的大气层结特征,结果表明,出现凝冻天气时大气中多有逆温层存在,地面气温多在 0 ℃以下,中高层风速较降雪时大;降雪天气时中高层气温较凝冻天气要低,地面气温多在−3～3 ℃;两种天气的大气在垂直方向上均处于比较稳定的状态。杨贵名等[2]从预报角度出发,初步分析了 2008 年初低温雨雪冰冻天气的主要特点和环流特征,对冻雨、暴雪的成因也进行了初步分析,2008 年初低温雨雪冰冻期间,大气环流形势稳定,极涡中心偏向于东半球,强而稳定,来自极地的冷气团与来自热带洋面的暖气团长时间在长江中下游地区交汇是主要原因;贝加尔湖以西地区阻塞高压强而稳定,中亚、西亚低槽(涡)位置稳定、发展活跃;700 hPa 等压面西南气流稳定,850 hPa 低层多切变、低涡活动,为降水提供了非常有利的低空辐合条件;对流层中层高原有低涡发展,高原不断有正涡度向东传播至东部沿海;西太平洋副热带高压(副高)强盛,位置偏西、偏北;副热带锋区强盛,南北温度梯度大;南支槽比较活跃;华南准静止锋、滇黔准静止锋稳定维持;热带洋面上暖气团活跃;逆温层稳定,融化层厚度较厚,是长时间冻雨天气的主要原因之一。丁一汇等[3]对中国南方 2008 年 1 月罕见低温雨雪凝冻冰冻灾害发生的原因及其与气候变暖的关系进行了研究。

2008年1月13日—2月13日和2011年1月1日—2月1日,贵州省都出现了近1个月的大范围的持续低温雨雪冰冻天气,给国民经济造成了巨大损失。本文将对这两次过程的强度、影响系统、危害程度进行初步探讨,为今后预测持续性大范围冰冻灾害提供一定参考。

1 两次过程实况的对比分析

2008年1月和2011年1月贵州省的两次低温雨雪冰冻天气都有影响范围广、强度大、持续时间长、经济损失重的特点。

1.1 两次过程持续时间、影响范围、强度、历史排位对比分析

持续时间长。2008年1月13日—2月20日的低温雨雪冰冻天气过程在贵州持续达1月有余,时间之长为历史所罕见。1月下半月至2月上半月贵州日平均气温<1 ℃的最长连续日数达到19.7 d,为历史最大值,最长单站持续日数为威宁的38 d。2011年1月贵州日平均气温<1 ℃的低温日数为18 d,贵州大部分地区冻雨时间在10 d以上,威宁、水城、开阳、万山等8个站超过30 d,截至2011年2月1日,贵州低温雨雪冰冻共持续33 d,最长单站持续日数为威宁的33 d。

影响范围广,强度大,突破历史极值。2008年,贵州省88个县(市、区)中,有71个低温冰冻天气持续时间突破贵州省有完整气象记录以来的历史极值。2008年1月下半月至2月上半月贵州省83个县(市、区)均出现了不同程度的低温冰冻灾害,占贵州省88个行政县(市、区)的94.3%,突破了1984年68个县(市、区)出现低温冰冻天气的历史纪录。总影响站日数1484站日,排位居1961年以来的第1位,最大电线积冰直径为万山出现的160 mm(含导线观测直径4 mm),极端最低气温为威宁出现的−10.2 ℃。2011年,贵州是低温雨雪冰冻发生范围最广的省份,有78个站出现低温雨雪冰冻,占贵州省台站的92.9%,位居南方遭受灾害的8个省(市、区)之首,达特重等级,位居1961年以来的第2位。总影响站日数1277站日,排位居1961年以来的第2位(2008年为1484站日,居第1位),最大电线积冰直径为开阳出现的53 mm(含导线观测直径26.8 mm),极端最低气温为威宁1月21日出现的−8.8 ℃,最大积雪厚度为万山1月20日出现的29 cm。

1.2 灾情损失对比分析

据贵州省民政厅灾情统计,截至2011年1月31日,贵州省各地不同程度遭受低温雨雪冰冻灾害,受灾人口1141万人,因灾死亡1人,直接经济损失46.3亿元,其中农业直接经济损失25.19亿元,工矿、基础设施、公益设施、家庭财产等损失21.22亿元;2008年,因灾死亡30人,直接经济损失为348.9亿元。

1.2.1 灾害对农业的影响

2008年农作物受灾140.86万hm²,绝收40.44万hm²,农业直接经济损失达74.2亿元。

2011 年农作物受灾面积 63.25 万 hm²，成灾 28.27 万 hm²，绝收 2.65 万 hm²，农业直接经济损失 25.19 亿元。

1.2.2　灾害对电力的影响

2008 年贵州电网累计受到冰害破坏的电力线路达 5030 条，其中 500 kV 线路 13 条、220 kV 线路 65 条、110 kV 线路 277 条、35 kV 线路 645 条、10 kV 线路 4030 条，导致贵州省累计 8 个地区 50 个县(市)停电，电力设施损失达 35.2 亿元；贵州省电网解裂成 4 片孤立运行。2011 年贵州电网共有 987 条 10 kV 及以上线路受覆冰影响跳闸，43 个 110 kV 及以下变电站受灾停运，共有 121 个乡镇受冰灾影响停电，灾害共造成损失 1.5 亿元，其中资产损失 6870 万元，施救等费用 7647 万元。

1.2.3　灾害对交通的影响

2008 年贵州省大部分桥梁、隧道出口及迎风坡面路段等结冰情况严重，9 条高速公路多次临时关闭，多数公路处于缓行状态，造成客运班车停运，大量车辆和旅客滞留，交通事故增多。贵阳机场大面积结冰，被迫多次关闭。铁路接触网处于断电状态，列车不能正常运转，1 月 31 日贵阳火车站被迫停运 18 趟旅客列车，仅发送旅客 1.5 万人次，对春运影响严重，直接经济损失 14 亿元。2011 年部分客运班车停运，公路滞留人员高峰时达 6.7 万人，交通事故增多，灾害损失超过 6 亿元。贵州公路多为高边坡、深填方，冰冻灾害后可能诱发山体崩塌、滑坡等地质灾害。

1.2.4　灾害对通信的影响

2008 年，由于大范围、长时间停电，贵州省共有 6045 个基站通信中断，退服比例高达 35%，影响用户 377 万，直接经济损失达 7 亿元。2011 年贵州省通信业有 1231 个基站停电，219 个基站通信中断，影响用户 38 万人，直接经济损失约 1.7 亿元。2011 年贵州低温冰冻过程，冷空气来势之猛，冰冻影响范围之广，低温持续时间之长，强度变化起伏之大，情况异常之复杂，给监测、预测、应急处置、救灾部署等带来很大困难。虽然低温雨雪冰冻灾害严重，但由于应对有效，灾害损失明显低于 2008 年。

2　两场低温雨雪冰冻天气过程成因的对比分析

对于贵州 2008 年 1 月的灾害的原因，前面已经指出，国内外气象学家都做了一些研究，他们从不同侧面强调了不同原因。根据本文的研究，有 4 个原因是最基本的：一是拉尼娜事件的影响；二是欧亚 1 月阻塞形势的异常发展和大气环流形势持续稳定；三是中亚、西亚低值系统活跃，来自孟加拉湾和南海(印缅槽)出现持续的大量暖湿空气的向北输送；四是西太平洋副热带高压脊线明显偏北，面积偏大，强度偏强(图 1a)。对于 2011 年 1 月灾害的原因，拉尼娜事件的影响和欧亚阻塞异常偏强以及印缅槽的持续大量暖湿空气的向北输送与 2008 年是一致的。但 2011 年 1 月副高偏弱，中亚、西亚低值系统活跃也不如 2008 年 1 月明显(图 1b)。

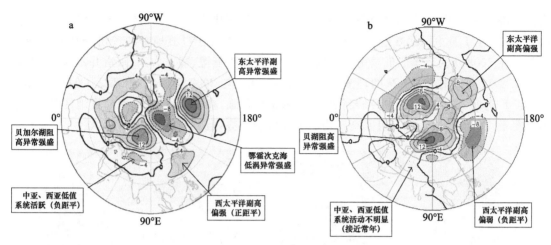

图1 500 hPa高度距平(线条,单位:gpm)

(a)2008年1月;(b)2011年1月

2.1 拉尼娜事件的影响分析

拉尼娜事件是一种海洋现象,它是指赤道地区中东太平洋海水表面温度持续异常偏冷的现象,而厄尔尼诺现象是呈相反的另一种海洋现象,它表现为持续偏暖。一般将这个地区的海表温度至少连续6个月不高于−0.5 ℃定义为一次拉尼娜事件。

从图2a可以看出,2007年6月开始,在赤道中东太平洋地区就开始出现了−0.5 ℃的海表温度距平,并迅速增强,到2008年1月达到最大,中心值为−2 ℃。从图2b可以看出,从2010年7月开始出现海温负距平,并不断增强,中心强度值维持在−1.5 ℃。两次过程都达到了拉尼娜标准,其中2008年的拉尼娜事件是1951年以来发展最迅速的一次。

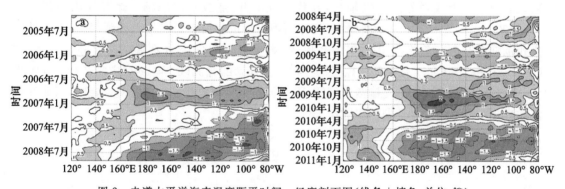

图2 赤道太平洋海表温度距平时间—经度剖面图(线条+填色,单位:℃)

(a)2006—2008年;(b)2008—2011年

何溪澄等[4]对20个强(8 a)和弱(12 a)拉尼娜的冬季环流和天气气候的研究结论:①2008年1月500 hPa欧亚高纬度地区是大范围的正距平位势高度区。正中心位于乌拉尔山地区,中心值达到5430 gpm,这表明乌拉尔山脊异常发展北伸。而在中纬度地区,与乌拉尔山对应的地区,是明显的负距平,中心强度达到−90 gpm,有明显的低槽存在。它与高纬的正距平构成了北高南低的偶极子阻塞形势。②东亚沿岸为负距平,东亚大槽偏强。③低纬菲律宾海和南海南部为正距平,表明副热带高压偏强、偏西。④印缅槽指数为22,接近于常年。在上述形势下,2008年1月中国北方地区降水偏多,南方偏少。而处于过渡地带的贵州降水偏少,温度偏低。在2008年大范围的低温雨雪天气过程中,贵州以低温、凝冻为主,降雪并不多(图3a)。

从2011年1月500 hPa的环流形势来看(图3b),与2008年相比,阻塞高压偏东,伸展到了135°E附近,强中心到达中西伯利亚,东亚大槽也偏强,在90°E以东的中纬度地区基本上都为负距平,在90°E附近也与阻塞高压构成了偶极子形势,但范围不如2008年大。

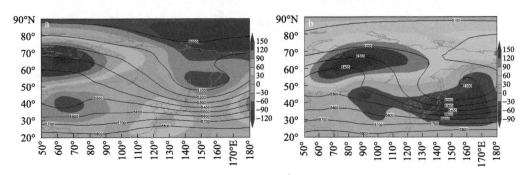

图3　500 hPa高度场(线条,单位:gpm)和高度距平

(相对1971—2000年冬季平均值)(填色,单位:gpm)

(a)2008年1月;(b)2011年1月

2.2　孟加拉湾水汽输送是大范围冻雨的必要条件

从2008年(图4a)和2011年(图4b)700 hPa的流场图来看,南支槽前对流层中层为西南气流,700 hPa以上水汽主要来自孟加拉湾,来自西亚绕过青藏高原到达中国南方的西南气流是一支暖湿气流,它汇同从中印半岛—南海地区向北输送的暖湿空气,共同与南下的冷空气在湘黔地区的低层形成强烈的空气辐合,导致空气上升,造成水汽凝结。暖湿气流的北上在1000～3000 m气层形成了一个暖湿层,使冻雨得以形成。由于副高偏西偏强,处于副高外围的贵州范围内有西南急流。2011年副高偏弱,影响贵州的急流主要是以偏西分量为主,在2008年1月和2011年1月中低纬地区都存在一支强劲的急流区。与之对应的700 hPa距平图上,中纬地区也多波动,南支槽活动频繁,强度加剧。其槽前是强西南气流,与北方西北气流交汇在贵州一线。形成了长期的温冻雨天气。

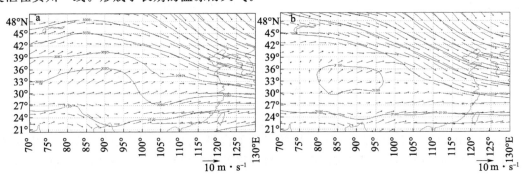

图4　700 hPa高度场(线条,单位:gpm)和流场(箭头,单位:m·s^{-1})

(a)2008年1月;(b)2011年1月

在2008年1月850 hPa的流场图上(图5a),可以看到3支气流的辐合情况,一方面来自副高西侧的偏南气流在中印度半岛北上,与来自北方的冷空气在长江中下游形成一条东西向辐合线;另外这两支气流又与来自孟加拉湾的气流在西南地区形成南北向的辐合线,辐合线对应了云贵静止锋,这种形势有利于西南地区冻雨的发生。

在2011年1月850 hPa的流场图上(图5b),2011年1月交汇区明显偏南,在贵州、四川一带,由于副高偏弱,副高外围的偏南气流也比2008年要弱,长江中下游一线受高压底部较强的偏西气流影响,南风分量偏弱。导致2011年1月在长江中下游一线没有出现像2008年1月那样大范围的雨雪天气,在贵州形成的低温、凝冻也不如2008年强。

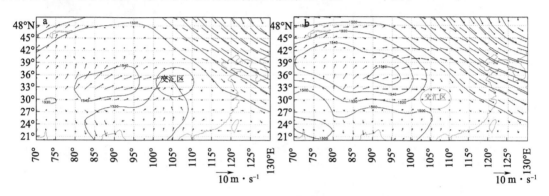

图5　850 hPa高度场(线条,单位:gpm)和流场(箭头,单位:m·s⁻¹)
(a)2008年1月;(b)2011年1月

2.3　逆温分析

冻雨(又称雨凇)是过冷却液态降水[5],主要是雨滴落到温度为0 ℃以下的寒冷物体上冻结而成的一种坚实、透明或半透明的冰层。因而冻雨的形成主要与低层冷空气层的存在密切相关。这个条件在北方有强冷空气侵入我国时是容易满足的。北方的冷空气经西北、华北、长江南下后在长江以南呈扇形展开1500 m以下,形成气象上称之为冷垫的冷空气层,为冻雨的产生创造了条件。

图6a和图6b是沿26°N温度纬向距平、湿度的经度－高度剖面图,最明显的特征是在横断山(100°—105°E)以东地区,温度在垂直方向上呈"冷—暖—冷"的结构。在贵州范围内,2008年1月700 hPa附近有很强的锋面逆温存在,并且还是等湿度的密集区。在2011年1月逆温比2008年1月稍弱,但湿度很大,在105°E附近湿度中心值达到了90%。逆温层的存在,长期低温高湿气候条件的维持,是2008年1月和2011年1月长时间冻雨发生的必要天气条件。

图7a和图7b是850 hPa与700 hPa温度差值沿26°N经度－时间剖面图,从13日开始贵州范围内开始出现逆温,但强度不是很强,随着冷空气的不断增强,逆温也不断加大,到20日左右达到了－6 ℃,在2008年1月13日—2月13日,出现了3次中心值达到－6 ℃。范围也很大,从104°E延伸到了118°E,尤其是2月11日延伸到了120°E。2011年逆温在前期和后期比较明显,中期在贵州范围内没有明显逆温。

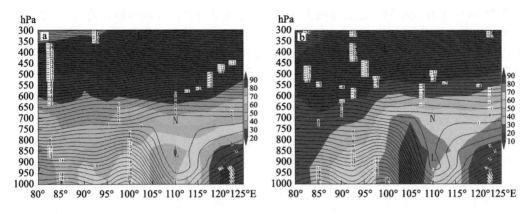

图 6　沿 26°N 温度纬向距平(线条,单位:℃)和湿度(填色,单位:%)的经度—高度剖面图
(a)2008 年 1 月;(b)2011 年 1 月

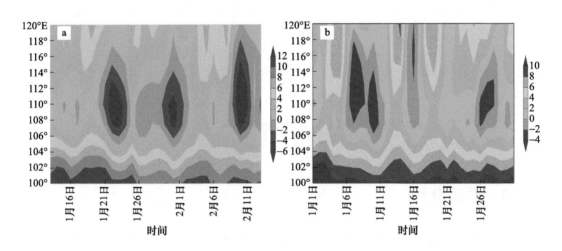

图 7　850~700 hPa 温度差值(填色,单位:℃)沿 26°N 的经度—时间剖面图
(a)2008 年 1 月 13 日—2 月 13 日;(b)2011 年 1 月

　　2008 年初低温雨雪冰冻灾害表现为前期中部和东部地区严重、后期转为西部地区严重,
2011 年初主要严重区域集中在中部和西部地区。冷空气活动次数,在 2008 年 1 月 13 日—2
月 13 日贵州低温、雨凇天气过程中,根据日最低温度值,将本次过程大致分为 3 个阶段。第一
阶段凝冻产生并维持的阶段(1 月 13—23 日)。第二阶段为发展加强的阶段(1 月 23—31 日)。
第三阶段为维持并逐步减弱阶段(2 月 1—13 日),在整个影响过程中凝冻范围和强度逐步加
强并维持,没有明显的回暖期。在 2011 年 1 月贵州低温、雨凇天气过程中,共受 5 轮明显的冷
空气影响(2—4 日,7—8 日,10—13 日,17—20 日,23—31 日),出现 4 次短暂相对缓和期(5—
6 日、9 日、14—15 日、20—22 日)。

3　结论

　　大尺度环流背景:2008 年 1 月和 2011 年 1 月欧亚阻塞异常偏强以及印缅槽的持续大量

暖湿空气的向北输送是一致的,但 2011 年 1 月副高偏弱,中亚、西亚低值系统活跃也不如 2008 年 1 月明显。

拉尼娜现象:2008 年和 2011 年都达到了拉尼娜事件,在 2008 年的拉尼娜事件中,2008 年 1 月海表温度距平达到最大,中心值为－2 ℃。在 2011 年的拉尼娜事件中,2011 年 1 月也出现了温度距平达到最大值,中心强度值为－1.5 ℃。从两次拉尼娜事件对比可以看出,2008 年比 2011 年强。其中 2008 年的拉尼娜事件是 1951 年以来发展最迅速的一次。

水汽条件:2008 年 1 月和 2011 年 1 月在中纬地区都多波动,南支槽活动频繁,强度加剧。冷暖空气在贵州一线交汇明显,形成了长期的低温冻雨天气,但 2011 年 1 月交汇区明显偏南,由于副高偏弱,副高外围的偏南气流也比 2008 年 1 月要弱,所以 2011 年 1 月在长江中下游一线没有出现像 2008 年 1 月那样大范围的雨雪天气。在贵州形成的低温、凝冻也不如 2008 年 1 月强。

冷空气活动次数和范围:2008 年 1 月低温雨雪冰冻灾害表现为前期中部和东部地区严重、后期转为西部地区严重,2011 年 1 月主要严重区域集中在中部和西部地区。2008 年 1 月在整个冷空气影响过程中凝冻范围和强度逐步加强并维持,没有明显的回暖期。在 2011 年 1 月贵州低温,出现 4 次短暂相对缓和期。

冷层条件:2008 年 1 月随着冷空气的不断增强,逆温也不断加大,出现了 3 次中心值达到－6 ℃的逆温,范围也很大;2011 年 1 月逆温在前期和后期比较明显,中期在贵州范围内没有明显逆温。

经济损失:2008 年和 2011 年的低温雨雪冰冻过程都给贵州省造成了严重的经济损失,其中 2008 年造成的经济损失和影响明显大于 2011 年。2008 年因灾死亡 30 人,直接经济损失为 348.9 亿元。2011 年因灾死亡 1 人,直接经济损失 46.3 亿元。

参考文献

[1] 何玉龙,黄建菲,吉廷艳.贵阳降雪和凝冻天气的大气层结特征[J].贵州气象,2007,31(4):12-13.

[2] 杨贵名,孔期,毛冬艳,等.2008 年初"低温雨雪凝冻冰冻"灾害天气的持续性原因分析[J].气象学报,2008,66(5):836-849.

[3] 丁一汇,王遵娅,宋亚芳,等.中国南方 2008 年 1 月罕见低温雨雪凝冻冰冻灾害发生的原因及其与气候变暖的关系[J].气象学报,2008,66(5):808-825.

[4] 何溪澄,李巧萍,丁一汇,等.ENSO 暖冷事件下东亚冬季风的区域气候模拟[J].气象学报,2007,65(1):18-28.

[5] 严小冬,吴战平,古书鸿.贵州冻雨时空分布变化特征及其影响因素浅析[J].高原气象,2009,28(3):694-701.

贵州 2008 年与 2022 年年初低温雨雪冻雨天气过程对比分析

王兴菊[1]　李启芬[3]　王　芬[2]　蒋尚雄[2]　曾　妮[1]　胡秋红[1]

(1. 安顺市气象局,安顺,561000;2. 黔西南州气象局,兴义,562400;

3. 贵州省气象局气象服务中心,贵阳,550000)

摘　要:利用常规气象观测资料以及美国国家环境预报中心(NCEP)再分析资料,通过对实况资料、环流背景、气候背景的研究,对 2008 年和 2022 年年初贵州省低温雨雪冻雨天气过程进行对比分析。结果表明:2022 年冷空气强度与 2008 年相比偏弱,最低气温比 2008 年偏高 2.7 ℃;日平均降雪站数接近 2008 年略偏少,达到了 2008 年的 91%;日平均冻雨站数与 2008 年相比明显偏少,仅达到 2008 年的 29%,2022 年最大雪深超过了 2008 年。两次低温雨雪冻雨天气的成因共同点是:拉尼娜事件的影响,副高、欧亚阻塞高压异常偏强以及中亚、西亚低值系统活跃,持续大量暖湿空气向北输送。不同点是:2022 年鄂霍次克海低涡强度偏弱。在两次低温雨雪持续期间,副高异常增强、北抬,欧亚阻塞高压形势稳固,北极明显升温,持续的水汽输送和逆温存在,为两次雨雪冰冻灾害提供重要的环流背景。

关键词:低温雨雪,冻雨,拉尼娜,逆温

引言

低温雨雪冻雨灾害主要发生在冬季,这种气象灾害是由降雪(或雨夹雪、霰、冰粒、冻雨等)或降雨后遇低温形成的积雪、结冰现象造成的。贵州地形分布和贵州冻雨日数分布具有很好的对应关系,尤其是贵州中西部地区的海拔高度和地形分布为贵州冻雨提供了绝佳的地形条件。我国南方在 2008 年出现了持续时间长、范围大的低温雨雪天气,引起了很多学者的关注,并对此次过程进行了研究[1-13],丁一汇等[14]对中国南方 2008 年 1 月罕见低温雨雪冰冻灾害发生进行了研究,王遵娅等[15]分析了 2008 年极端冰灾事件的气候特征及其所造成的影响,姚蓉等[16]对 2008 年初和 2011 年初的低温雨雪冰冻天气气候影响评估、天气学成因等方面进行综合对比分析。王东海等[17]对 2008 年的低温雨雪冰冻灾害的形成机理和其致灾原因进行分析。刘红武等[18]对湖南罕见的雨雪低温冰冻天气过程开展了研究,陆虹等[19]对华南地区低温雨雪事件的时空变化特征进行研究,发现严重的低温雨雪事件多发生在 20 世纪 70 年代,进入 20 世纪 90 年代后,呈现减少的趋势,但事件的严重性及造成的灾害趋于极端。唐熠等[20]对广西重大低温雨雪冰冻过程 500 hPa 高度场异常特征分析和概念模型进行了研究,发现冬季高纬脊区发展通常配合冷平流的加强,冷空气堆积是广西持续低温雨雪冰冻过程出现的关键。关于贵州低温雨雪冻雨的研究,杨贵名等[21]从预报

角度出发,初步分析了2008年初低温雨雪冰冻天气的主要特点和环流特征,对冻雨、暴雪的成因也进行了初步分析。甘文强等[22]对2018年1月底至2月初贵州低温雨雪天气成因初探,杜小玲等[23]对2011年初贵州持续低温雨雪冰冻天气成因进行研究,发现地面上稳定持久的准静止锋是低温雨雪天气发生的重要影响系统。王兴菊等[24]对2008年和2016年的低温雨雪冰冻天气过程进行对比分析。

2011年以后,贵州持续性低温雨雪明显减少,2022年贵州省再次发生大范围的低温雨雪事件,社会关注度比较高,很多人甚至认为2022年的低温雨雪已经超过了2008年,为了客观评价和了解此次低温雨雪的强度,本文在前人研究的基础上,对2008年和2022年年初贵州省低温雨雪冻雨天气进行对比研究,除了常规的环流分析,增加了阻塞高压、副高、拉尼娜等分析研究,希望为贵州省以后该类灾害性天气的预报和研究提供一定的理论基础。

1 两次过程实况的对比分析

1.1 低温雨雪冻雨时间分布特点

2008年1月13日—2月13日(以下统称2008年初)和2022年1月29日—2月24日(以下统称2022年初)的低温雨雪天气过程都有影响范围大、持续时间长、气温明显偏低的特点。2008年初低温雨雪持续了32 d,1月13—2月1日是低温雨雪持续加重的过程,2月4—13日低温雨雪逐步减弱,范围从贵州省缩小为贵州省中西部地区。2022年初低温雨雪持续了29 d,分为4个短暂的阶段,间歇期白天气温回升到0 ℃以上,分别为2022年1月29日—2月3日、2月6—9日、2月13日、2月18—23日。

2008年(图1a)贵州省最低气温为−10.2 ℃,出现在2008年2月1日(威宁站),贵州省各站点过程最低气温平均值为−3.9(1月13日)~0.5 ℃(1月27日),贵州省过程平均最低气温为−1.4 ℃。2022年(图1b)贵州省最低气温为−6.3 ℃,出现在2022年2月22日(威宁站),贵州省过程最低气温平均值为−1.5(1月13日)~5.5 ℃(1月27日),贵州省过程平均最低气温为−1.3 ℃,与2008年相比偏高2.7 ℃。

2008年(图2a)贵州省最大积雪深度为11 cm,分别出现在2008年1月28日、29(万山站),2月1日、2日(三穗站);最多降雪站数为81站,出现在2月1日;最多冻雨站数为73站,出现在1月12日;过程平均最大雪深为7.5 cm,日平均降雪站数为35.2站,日平均冻雨站数为45.5站。

2022年(图2b)贵州省最大积雪深度为26 cm,出现在2月22日(万山站);最多降雪站数为80站,出现在2月22日;最多冻雨站数为31站,出现在2月21日;过程平均最大雪深为5.9 cm,日平均降雪站数为32.1站,日平均冻雨站数为10.4站。日平均降雪站数与2008年相比略偏少,达到了2008年的91%,过程最大平均雪深是2008年的78%;日平均冻雨站数与2008年相比明显偏少,只达到了2008年的29%,但2022年最大雪深超过了2008年。

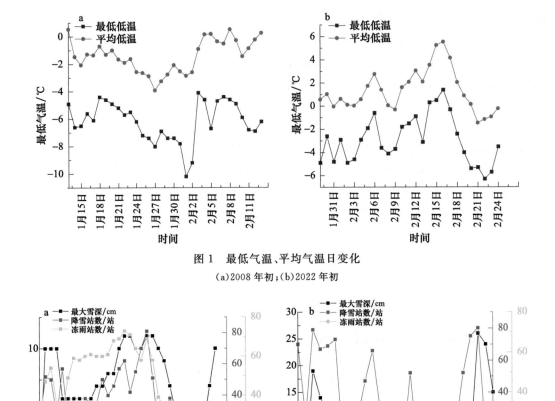

图 1 最低气温、平均气温日变化
(a)2008 年初；(b)2022 年初

图 2 最大雪深、降雪站数、冻雨站数日变化
(a)2008 年初；(b)2022 年初

1.2 降雪、冻雨、雪深空间分布特点

2008 年过程降雪站数贵州全省合计 1258 站(图 3a)，其中降雪日数最多的为习水(29 d)，最少为册亨、望谟(1 d)，累计 25 d 以上的站点主要分布在贵州省西北部地区，5 d 以下分布在贵州西南部地区，总体分布呈现北多南少的分布特征。2022 年(图 3b)过程降雪日数全省合计 868 站(次)，降雪日数最多的站点为水城(16 d)，最少为赤水(0 d)，其次为册亨、望谟(1 d)，12 d 以上的站点主要分布在贵州省西北部、中东部地区，总体分布呈现中部一线多，南部边缘少的特征。2008 年过程最大积雪深度为万山(11 cm)(图 4a)，超过 10 cm 以上的站点有 5 站。主要分布在贵州西北部的毕节、六盘水、东部的黔东南等地。2022 年过程最大积雪深度为三穗(23 cm)(图 4b)，20 cm 以上有 4 站，10 cm 以上的站点有 27 站，主要分布在贵州西北部和中部一线。

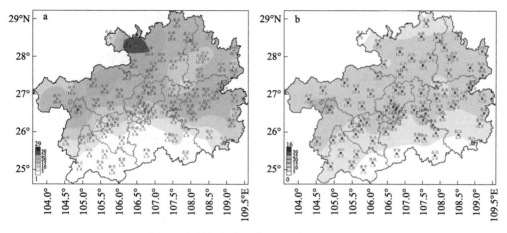

图 3　贵州省降雪日数分布(填色,单位:d)
(a)2008 年初;(b)2022 年初

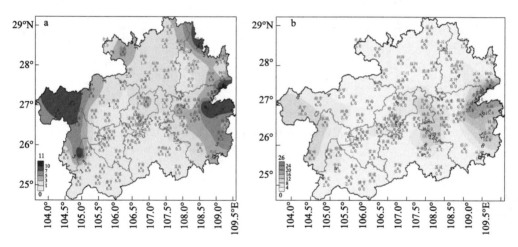

图 4　贵州省最大积雪深度分布(填色,单位:cm)
(a)2008 年初;(b)2022 年初

　　2008 年过程冻雨站数贵州省合计 1481 站,冻雨日数最多的站点为威宁 38 d,有 8 站未出现冻雨,主要出现在贵州省的西南部地区,20 d 以上的站点主要出现在贵州省的西北部和中部一线。2022 年过程冻雨站数贵州省合计 273 站,冻雨日数最多的站点为开阳 17 d,有 39 站未出现冻雨,主要位于贵州省的北部和南部边缘地区,10 d 以上的站点主要出现在贵州省的西北部和中部一线。

　　从两次对比可以看出,2008 年和 2022 年降雪、冻雨日数分布都呈现北多南少的特点,2008 年的降雪、冻雨日数都明显超过了 2022 年,但 2022 年最大雪深超过了 2008 年。

2　拉尼娜事件的影响分析

　　当拉尼娜现象出现时,赤道中东太平洋海表温度将大范围持续异常偏冷,引起地球气候的异常。依据中华人民共和国国家标准《厄尔尼诺/拉尼娜事件判别方法》(GB/T 33666—

2017),当关键区(尼诺 3.4 区,即 170°—120°W,5°S—5°N 的区域)3 个月滑动平均海表温度低于气候平均态 0.5 ℃时,即进入拉尼娜状态,持续 5 个月以上便形成一次拉尼娜事件[25]。

2007 年 5 月开始(图 5a),尼诺 3.4 区就开始出现了−0.5 ℃的海表温度距平,并迅速增强,到 2007 年 12 月达到最强,为−1.6 ℃,2008 年 1 月开始逐步减弱,持续到 2008 年 5 月结束,持续时间为 13 个月。2020 年 7 月(图 5b)开始出现海温负距平,并不断增强,2020 年 10 月达到最大值−1.3 ℃,持续到 2021 年 4 月结束,此次过程持续了 10 个月,2021 年 7—11 月再次形成拉尼娜事件,2021 年拉尼娜事件成为双拉尼娜事件。据国家气候中心统计,1950 年以来发生拉尼娜事件 16 次,中等事件 9 次,弱事件 1 次,强事件 1 次,强事件出现在 1988—1989 年,其中 2008 年和 2021 年的拉尼娜事件强度均达到中等。

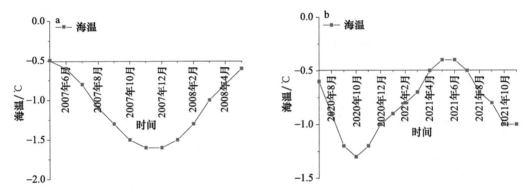

图 5　尼诺 3.4 区海温距平(红方块,单位:℃)
(a)2008 年初;(b)2022 年初

3　环流背景

对于贵州省 2008 年初的低温雨雪形成原因,很多专家进行了研究分析,结合气候背景和 500 hPa 高度场距平图,可以总结为以下几点:①拉尼娜事件的影响;②贝加尔湖阻塞高压异常强盛,鄂霍次克海低涡偏强;③西太平洋副热带高压脊线较常年偏北,强度偏强,面积也明显偏大;④中亚、西亚低值系统活跃,来自南海(印缅槽)和孟加拉湾的大量暖湿空气不断向北输送。对于 2022 年初低温雨雪天气的原因,拉尼娜事件的影响,欧亚阻塞高压及副高异常偏强,中亚、西亚低值系统活跃,持续大量暖湿空气向北输送水汽是一致的,但 2022 年初鄂霍次克海低涡偏弱。

3.1　副高活动特征对比分析

2008 年初低温雨雪过程中副高出现了两次(图 6a),第一次出现在 1 月 14 日,北界线 18°N,西伸脊点 120°E,之后减弱消失,22 日再次形成,北界线 22°N,西伸脊点 115°E,之后副高南撤到 18°N 附近,直至减弱消失。2022 年初也出现了两次明显的副高体(图 6b),第一次出现在 2 月 3—10 日,北界线 12°N,西伸脊点 150°E,之后西伸北抬,到 2 月 10 日西伸脊点到达 120°E,北界线 18°N。2 月 17 日之后副高再次形成,并持续到 2 月 24 日,西伸脊点位于 135°E 附近。

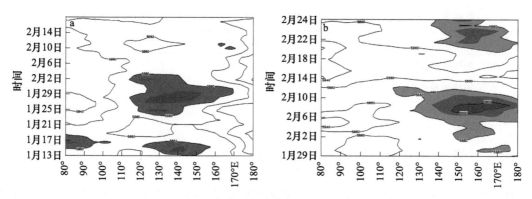

图6 副高500 hPa高度场(线条+填色,单位:gpm)时序图
(a)2008年初;(b)2022年初

从副高的强度指数和面积指数来看,2008年1月14—15日(图7a),副高生成并增强,强度指数从59.1增大到89.5,面积指数从33增大到54;16—17日逐步减弱。1月22—27日再次明显增强,强度指数在23.8~116.9,面积指数为17~70,30日以后减弱消失。2022年出现两次副高指数增强到减弱的过程(图7b),第一次的最大值出现在2月7日,副高强度指数达到231.4,面积指数为41,第二次出现在2月23日,强度指数为302.5,面积指数为113。从两次的副高持续时间和指数对比来看,2008年低温雨雪期间出现时间更长,但2022年强度指数和面积指数都比2008年更大。

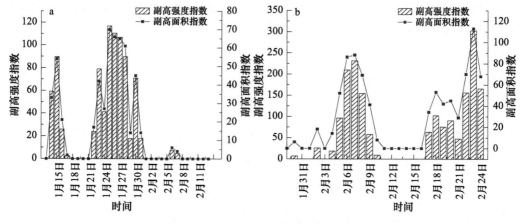

图7 副高强度指数和面积指数时序图
(a)2008年初;(b)2022年初

对两次低温雨雪期间的贵州最大积雪深度与副高强度、面积指数进行相关性分析(表1),2008年初最大雪深与副高强度指数的相关系数为0.417,与面积指数的相关系数为0.395,均通过了0.05的信度检验;2022年未通过相关性检验,在2022年2月23日副高面积指数达到302.5,强度指数达到113,为此次过程中的最大值,当天的最大积雪深度为24 cm,为此次过程中的第二大,说明副高的强度、面积指数面积变化对雪深有明显影响。

在2008年初与2022年初低温雨雪期间,副高异常北抬并西伸增强,来自中高纬地区的冷空气活动频繁,与副高西侧源源不断的偏南暖湿气流交汇,导致贵州出现了持续性的低温雨雪冰冻灾害性天气。

表 1   2008 年初、2022 年初贵州最大积雪深度与副高强度、面积指数相关系数

相关因子	副高强度	面积指数
2008 年相关性系数	0.417*	0.395*
2022 年相关性系数	0.341	0.297

注：* 表示通过 0.05 的信度检验。

3.2   阻塞高压活动特征对比分析

阻塞高压从建立到崩溃常常伴随着一次剧烈的大范围环流型转变，它的建立标志着环流由纬向型向经向型转变。在它的持续期间经向环流处于强盛阶段，它的崩溃意示着经向环流向纬向环流的转变。因此，阻塞高压与环流型的转变，冷暖空气的活动和天气预报有密切的关系。在冬季，每当乌拉尔山阻塞高压崩溃的时候，通常会给东亚地区带来一次大范围的寒潮天气过程。在 2008 年初(图 8a)低温雨雪持续期间，乌拉尔山阻塞高压活动频繁，出现了 3 次阻塞高压活动，分别在 1 月 20—29 日、2 月 6—8 日、2 月 14—16 日。从强度和范围来看，第一次最强，持续了 10 d，中心值达到 5500 gpm，最后一次最弱，中心值为 5440 gpm。2022 年初(图 8b)低温雨雪期间出现了两次乌拉尔山阻塞高压活动，分别位于 2 月 2—6 日、2 月 14—16 日，中心值分别达到了 5560 gpm 和 5580 gpm。2008 年初、2022 年初低温雨雪冰冻灾害期间，乌拉尔山阻塞高压形势稳固，受其影响，使得横槽长时间维持并持续伴有不稳定小槽活动，造成冷空气频次偏多；从强度来看，2022 年初阻塞高压强度更强，但持续时间比 2008 年初短，两次从形成到崩溃时间均未超过 5 d。

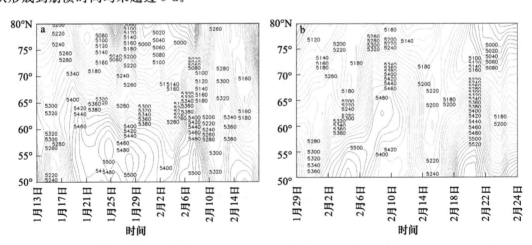

图 8   500 hPa 高度场(线条，单位：gpm)乌拉尔山阻塞高压时序图
(a)2008 年初；(b)2022 年初

3.3   北极升温

本文选取(73°N，60°E)作为北极代表点来分析两次低温雨雪冰冻过程发生前后的温度变化情况，与 2008 年初(图 9a)低温雨雪期间频繁的冷空气相对应，北极出现了 5 次明显升温，

最高气温超过了 0 ℃,其中最明显一次升温为 1 月 16—20 日,气温上升了近 20 ℃。2022 年初(图 9b)出现了 3 次明显升温,最明显一次升温为 2 月 20—22 日,升温幅度接近 16 ℃,最高气温上升到一6 ℃左右。从两次对比来看,2008 年初北极升温次数比 2022 年初多,最高气温也更高。由于北极升温,北极极涡的南下,携带了大量寒冷空气,导致它所经之处气温出现明显下降,造成了 2008 年初和 2022 年初持续性的低温雨雪天气。

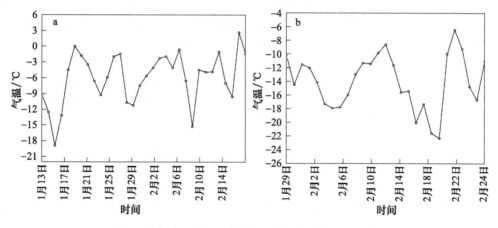

图 9   北极点(73°N、60°E)气温(圆圈,单位:℃)时序图

(a)2008 年初;(b)2022 年初

3.4   地面图对比分析

2008 年初(图 10a)整个中纬地区都为正距平控制,冷高压中心值为 1040 hPa,正距平中心值为 7 hPa,位于贝加尔湖附近,冷高压正距平中心在向西部和南部扩展,强度呈阶梯式递减,1025 hPa 等压线伸展到贵州南部边缘地区,印缅槽一带为负距平,中心值为一7 hPa。2022 年初(图 10b)冷高压中心值为 1035 hPa,位于贝加尔湖附近,1020 hPa 等压线伸展到贵州南部,整个中高纬地区都为正距平控制,正距平区域由东北向西南伸展,到了印缅槽一带转为负距平。

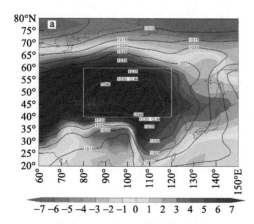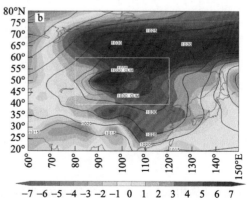

图 10   海平面气压(线条,单位:hPa)和海平面气压距平(填色,单位:hPa)

(a)2008 年初;(b)2022 年初

4 水汽条件分析

从 700 hPa 的风场图来看,2008 年初(图 11a)为西南气流影响,水汽输送主要来自孟加拉湾,与来自北方的冷空气汇合,汇合带位于 35°N 附近,有利于雨雪天气的产生。2022 年初(图 11b)的西南暖湿气流主要来自于南海,与来自北方的冷空气汇合于 32°N 附近,与 2008 年初相比,冷暖空气交汇带偏南,来自北方的偏北气流也不如 2008 年初强。

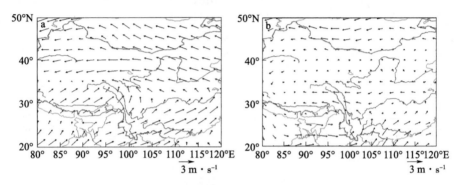

图 11 700 hPa 风场(箭头,单位:m·s⁻¹)
(a)2008 年初;(b)2022 年初

在 2008 年 850 hPa 的风场图上(图 12a),来自孟加拉湾和南海的暖湿气流在贵州一带形成辐合线,这种形势有利于西南地区冻雨的发生。在 2022 年 850 hPa 的风场图上(图 12b),冷暖空气交汇带明显偏南,风速较 2008 年略偏弱。

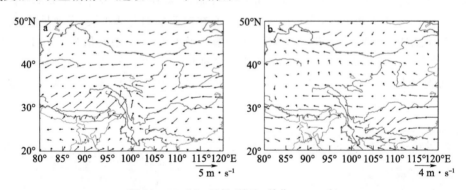

图 12 850 hPa 风场(箭头,单位:m·s⁻¹)
(a)2008 年初;(b)2022 年初

5 逆温分析

冻雨(又称雨凇)是过冷却液态降水,当温度为 0 ℃ 以下时,雨滴落到的寒冷物体上,冻结而成的一种透明或半透明的坚硬冰层。逆温层是冻雨形成并维持的必要天气条件之一。在逆温层之上,随着高度的升高,温度将下降。逆温层之下,低层和地面气温长时间低于 0 ℃,为冰冻形成提供了有利的冷垫条件。

2008年初(图13a)在贵州范围内,温度在垂直方向上呈"冷—暖—冷"的结构,逆温层位于700 hPa到850 hPa,中低层有等湿度的密集区存在,有利于冻雨的产生。2022年初(图13b)过程逆温与2008年初相比略偏弱,但低层湿度更大,有利于低温雨雪产生。

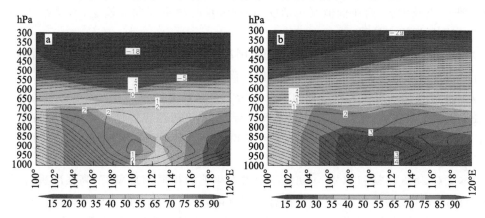

图13 沿26°N温度(线条,单位:℃)和湿度(填色,%)的经度—高度剖面图
(a)2008年初;(b)2022年初

从2008年1月22日开始(图14a)贵州范围内开始出现逆温,东部逆温达到了5℃,整个过程出现了4次阶段性逆温,有3次逆温中心4℃,分别出现在1月22日、1月29日、2月10日,对应的当日贵州省冻雨日数分别为61站、71站、31站,基本上都为各阶段冻雨日数最大值。2022年初(图14b)逆温较2008年初明显偏弱,2月5日东部边缘有1℃逆温,2月20—23日贵州省的中东部地区有3℃逆温,其余阶段逆温不明显,过程中冻雨日数最大值为31站,出现在2月21日,远小于2008年2月1日的73站。

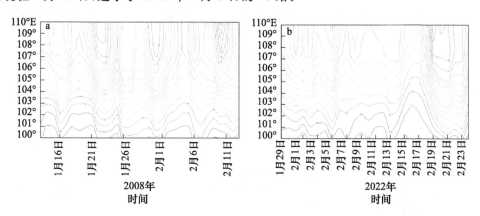

图14 850 hPa与700 hPa温度差(线条,单位:℃)值沿26°N时间剖面
(a)2008年初;(b)2022年初

6 结论与讨论

(1)贵州省各站点过程最低气温平均值2008年初为−3.9℃,2022年初为−1.3℃,与

2008年初相比偏高 2.7 ℃。日平均降雪站数与 2008 年初相比略偏少,达到了 2008 年的91％,2022年初的最大雪深超过了 2008 年初;日平均冻雨站数与 2008 年初相比明显偏少,只达到了 2008 年初的 29％。

(2)2008 年初和 2022 年初低温雨雪天气原因的共同点是:拉尼娜事件的影响;欧亚阻塞高压异常偏强以及中亚、西亚低值系统活跃,持续大量暖湿空气向北输送;不同点是:2022 年初鄂霍次克海低涡强度偏弱。

(3)2008 年初和 2022 年初低温雨雪期间,副高异常增强、北抬,阻塞高压形势稳固,北极明显升温,为这两次雨雪冰冻灾害提供重要的环流背景。

(4)2008 年初低温雨雪天气过程的水汽输送主要来自孟加拉湾,2022 年初主要来自于南海,冷暖空气交汇带偏南,来自北方的偏北气流与 2008 年初相比偏弱。贵州省温度层结在垂直方向上呈"冷－暖－冷"的结构,逆温层位于 700～850 hPa,2022 年初逆温与 2008 年初相比偏弱。

(5)本文对 2008 年初和 2022 年初低温雨雪发生前的拉尼娜现象、副高强度进行了研究,得出的结论仅仅代表两次个例,其普适性有一定局限,还需要更多的个例对该结论进行验证。另外,在全球气候变暖的背景下,2022 年初的低温是否会是一次突变,这是一个可以深入研究的问题。

参考文献

[1] 林良勋,吴乃庚,蔡安安,等.广东 2008 年低温雨雪冰冻灾害及气象应急响应[J].气象,2009,35(5):26-33.
[2] 张俊兰,杨霞,李建刚,等.2015 年 12 月新疆极端暴雪天气过程分析[J].沙漠与绿洲气象,2018,12(5):1-9.
[3] 陈春艳,秦贺,唐冶,等.2012 年 3 月新疆大范围暴雨雪天气诊断分析[J].沙漠与绿洲气象,2014,8(2):12-18.
[4] 牟欢,闵月,洪月,等.2017.2016 年 3 月北疆一次暴雪天气过程诊断分析[J].沙漠与绿洲气象,2017,11(6):26-33.
[5] 刘晓梅,高安宁,赵金彪.2011 年华南西部低温雨雪冰冻灾害特征与成因[J].自然灾害学报,2013,22(6):232-239.
[6] 张韧,洪梅,刘科峰,等.2007/2008 年冬季雨雪冰冻灾害的副热带高压环流背景与变异特征[J].大气科学学报,2012,35(1):1-9.
[7] 江漫,于甜甜,钱维宏.我国南方冬季低温雨雪冰冻事件的大气扰动信号分析[J].大气科学,2014,38(4):813-824.
[8] 李如琦,唐冶,路光辉,等.北疆暴雪过程的湿位涡诊断[J].沙漠与绿洲气象,2013,7(5):1-6.
[9] 周长艳,高文良,李跃清,等.2008 年 1 月我国低温雨雪冰冻气象灾害中的水汽输送特征[J].高原山地气象研究,2008,28(4):25-30.
[10] 覃丽,曾小团,高安宁.低温雨雪冰冻灾害天气与大范围霜冻天气对比分析[J].气象研究与应用,2008,29(2):9-11＋25.
[11] 丁小剑,杨军,唐明晖.湖南 2 次典型的冰冻灾害天气特征及成因分析[J].干旱气象,2010,28(1):76-80.
[12] 李才媛,郭英莲,王海燕,等.湖北省 1954/2008 年历史罕见持续低温冰雪过程对比分析[J].灾害学,2011,26(1):80-86.
[13] 陈业国,农孟松.2008 年初广西罕见低温雨雪冰冻天气的成因初探[J].气象研究和应用,2008,29(2):12-18.

[14] 丁一汇,王遵娅,宋亚芳,等.中国南方2008年1月罕见低温雨雪凝冻冰冻灾害发生的原因及其与气候变暖的关系[J].气象学报,2008,66(5):808-825.

[15] 王遵娅,张强,陈峪,等.2008年初我国低温雨雪冰冻灾害的气候特征[J].气候变化研究进展,2008,4(2):63-67.

[16] 姚蓉,许霖,张海,等.湖南2008/2011年两次低温雨雪冰冻灾害成因与影响对比分析[J].灾害学,2012,27(4):75-79.

[17] 王东海,柳崇健,刘英,等.2008年1月中国南方低温雨雪冰冻天气特征及其天气动力学成因的初步分析[J].气象学报,2008,66(3):405-422.

[18] 刘红武,李振,陈龙,等.湖南一次罕见低温雨雪冰冻天气过程分析[J].沙漠与绿洲气象,2020,14(2):18-26.

[19] 陆虹,周秀华,黄卓,等.华南地区低温雨雪事件的时空变化特征[J].生态学杂志,2019,38(1):237-246.

[20] 唐熠,周秀华,郑传新,等.广西重大低温雨雪冰冻过程500 hPa信号场异常特征分析[J].气象,2019,45(10):1446-1456.

[21] 杨贵名,孔期,毛冬艳,等.2008年初"低温雨雪冰冻"灾害天气的持续性原因分析[J].气象学报.2008,66(5):836-849.

[22] 甘文强,蓝伟,杜小玲,等.2018年1月底至2月初贵州低温雨雪天气成因初探[J].暴雨灾害.2018,37(5):410-420.

[23] 杜小玲,高守亭,彭芳.2011年初贵州持续低温雨雪冰冻天气成因研究[J].大气科学.2014,38(1):61-72.

[24] 王兴菊,李启芬,白慧,等.贵州省降雪分布特点及周期小波分析[J].湖北农业科学,2021,60(S1):131-134+139.

[25] 袁媛,李崇银,杨崧.与厄尔尼诺和拉尼娜相联系的中国南方冬季降水的年代际异常特征[J].气象学报,2014,72(2):237-255.

安顺市冷空气变化特征及其对降水的影响

王兴菊[1]　胡秋红[1]　金凡琦[2]　王冉熙[1]

(1. 安顺市气象局,安顺,561000;2. 贵州省气象局气象服务中心,贵阳,550000)

摘　要:选取 1961—2020 年安顺市 6 个地面观测站的资料,采用线性倾向率、曼-肯德尔法(M-K 方法)对安顺冷空气进行分析。结果表明:近 60 a 安顺市带来降水的弱冷空气发生频次最多,中等强度冷空气次多,寒潮最少。其中寒潮、中等强度冷空气(站)次呈现显著减少趋势,强冷空、弱冷空未达到 95% 的信度水平,呈现不显著减少趋势;寒潮和强冷空气突变特征不明显,中等强度冷空气和弱冷空气出现了突变。除寒潮外,其余等级冷空气均达到了 95% 的信度水平,呈显著减少趋势。冷空气带来的降水中,其中春季占 27.2%,夏季占 18.53%,秋季 32.07%,冬季 22.21%,秋季最多,夏季最少。

关键词:冷空气,寒潮,M-K 检验

引言

冷空气过程(包括寒潮、强冷空气和中等强度冷空气)是影响我国最主要的灾害性天气,它不仅会导致人体免疫功能下降、引发呼吸疾病,同时对农业牧业等造成破坏。随着我国气温出现明显的升高趋势,尤其是冬季,冷空气(或寒潮)活动发生了明显变化,全国大部分地区寒潮的频次和强度呈减少趋势。冷空气特别是强冷空气(寒潮)是重要的灾害性天气之一。冷空气的活动长期以来都是气象工作者关注的热点问题。20 世纪 50 年代,李宪之[1]把东亚寒潮划分为甲、乙、丙三种类型;陶诗言[2]研究了影响中国大陆的冷空气源地和路径,把 45°—65°N,70°—90°E 范围划为寒潮关键区。20 世纪 90 年代,张培忠等[3]等进一步研究指出影响中国的强冷空气事件的源地主要位于冰岛以南的大西洋洋面、新地岛以西和以东的北冰洋洋面和泰梅尔半岛。20 世纪 80 年代早期,仇永炎等[4]、刘怡等[5]分析了寒潮天气的物理过程,对寒潮中期预报方法进行了一系列探索。近 10 a 来,康志明等[6]、王遵娅等[7]、李峰等[8]对寒潮的活动规律及成因做了进一步深入研究。

1 资料和方法

1.1 资料

采用 1961—2020 年安顺市的最低气温、日降水量等资料。在各级冷空气标准中涉及 24 h、48 h、72 h 3 种降温指标,在统计降温幅度时挑取 3 种降温指标中最低气温降温幅度最大者作

为该次过程的降温幅度,本文中其他降温幅度均指 48 h 最低气温降温幅度。

1.2 处理方法

本文参照中华人民共和国国家标准《冷空气等级》(GB/T 20484—2017)[9]将安顺市 1961—2020 年的冷空气划分为 4 个等级进行研究分析,分别为弱冷空气、较强冷空气、强冷空气和寒潮(表 1)。

表 1 冷空气等级划分标准

等级	划分标准
弱冷空气	日最低气温 48 h 内降温幅度<6 ℃
较强冷空气	日最低气温 48 h 内降温幅度≥6 ℃但<8 ℃;或者日最低气温 48 h 内降温幅度≥8 ℃,但未能使该地日最低气温下降到 8 ℃或以下
强冷空气	日最低气温 48 h 内降温幅度≥8 ℃,且使该地最低气温下降到 8 ℃或以下
寒潮	日最低气温 24 h 内降温幅度≥8 ℃,或 48 h 内降温幅度≥10 ℃,或 72 h 内降温幅度≥12 ℃,而且使该地最低气温下降到 4 ℃或以下,48 h、72 h 内降温的日最低气温应连续下降

由于冷空气活动频次有较大不确定性,本文采用莫莱(Morlet)小波分析对冷空气活动周期进行分析,以期合理揭示出时间序列中瞬时频率随时间的变化。另外,采用线性趋势方法和 M-K 突变检验等方法来研究各等级冷空气的长期变化趋势。

2 年际变化及 M-K 分析

2.1 冷空气年际变化

对 1961—2020 年安顺市平均冷空气年频次变化趋势情况进行分析,发现近 60 a 安顺市寒潮最少(图 1a),中等强度冷空气次多(图 1b),弱冷空气发生频次最多。平均(站)次分别为 1.7 次·a^{-1}、41.5 次·a^{-1}、91.0 次·a^{-1}。寒潮减少速率为 1.1 次·$(10\ a)^{-1}$,强冷空气减少速率为 0.6 次·$(10\ a)^{-1}$,中等强度冷空气减少速率为 1.8 次·$(10\ a)^{-1}$,弱冷空气减少速率为 3.3 次·$(10\ a)^{-1}$,年变率均为负值,呈现减少的趋势。其中寒潮、中等强度冷空气(站)次呈现显著减少趋势,强冷空气、弱冷空气未达到 95% 的信度水平,呈现不显著减少趋势。

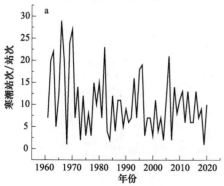
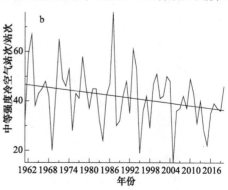

图 1 1961—2020 年安顺市寒潮(a)1962—2016 年中等强度冷空气(b)年频次变化趋势

2.2 M-K 分析

为了进一步分析安顺市冷空气的变化情况，对安顺市各级冷空气进行 M-K 分析检验，检验结果表明，寒潮和强冷空气突变特征不明显，中等强度冷空气（图 2a，图中 UF 和 UB 统计量是用于分析时间序列数据中趋势的非参数统计量。通过比较 UF 和 UB 的绝对值与 1.96 的大小，可以判断数据中是否存在显著的趋势。下同。）和弱冷空气（图 2b）出现了突变。其中中等强度冷空气在 2004 年出现了突变，突变后中等强度冷空气次数明显减少，突变前中等强度冷空气的平均值为 43.6 站（次），突变后为 35.8 站（次），减少了 7.8 站（次）。弱冷空气在 2008 年出现了突变，突变后弱冷空气次数明显增加，突变前弱冷空气的平均值为 968.7 站（次），突变后弱冷空气的平均值为 986.2 站（次），增加了 17.5 站（次）。

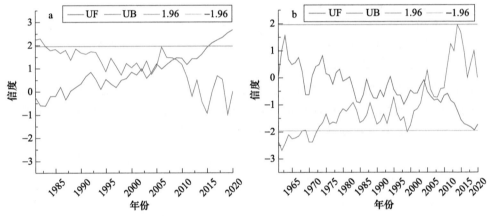

图 2 1961—2020 年安顺市中等强度冷空气(a)弱冷空气(b)M-K 分析检验

2.3 冷空气小波分析

对安顺市冬季寒潮次数进行周期分析，通过 Morlet 小波变换可以看出，近 60 a 来，影响安顺市的寒潮次数的序列在 4 a、15 a、23 a 左右时间尺度上有明显的正负闭合中心，表明寒潮次数在对应年尺度下交替振荡显著，存在 4 a、15 a、23 a 左右的周期变化特征，其中 15 a 为第一主周期，具有全域性（图 3a）。使用相同方法对中等强度冷空气次数进行周期分析（图 3b），也发现其存在显著的 4 a 和 8 a 变化周期，其中，8 a 为第一主周期，具有全域性。而强冷空气和弱冷空气次数则没有显著周期变化。

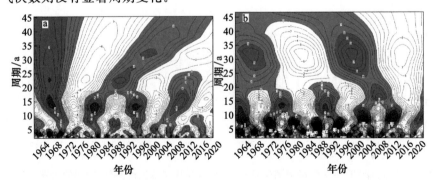

图 3 1961—2020 年安顺市寒潮(a)中等强度冷空气(b)小波分析

3 冷空气带来的降水年际变化

对 1961—2020 年安顺市冷空气带来的降水年平均频次变化趋势情况进行分析。发现近 60 a 安顺市弱冷空气带来的降水最多,中等强度冷空气带来的降水次多,寒潮最少。年平均(站)次弱冷空气为 39 次·a^{-1}(图 4a)、中等强度冷空气为 7.1 次·a^{-1}(图 4b)、强度冷空气为 3.7 次·a^{-1}(图 4c)、寒潮为 2.7 次·a^{-1}(图 4d)。弱冷空气减少速率为 0.32 次·(10a)$^{-1}$,中等强度冷空气减少速率为 0.29 次·(10a)$^{-1}$,强冷空气减少速率为 0.22 次·(10a)$^{-1}$,寒潮减少速率为 0.23 次·(10a)$^{-1}$年变率均为负值,呈现减少的趋势。其中中等强度冷空气通过了 0.05 的信度检验,呈显著减少趋势。

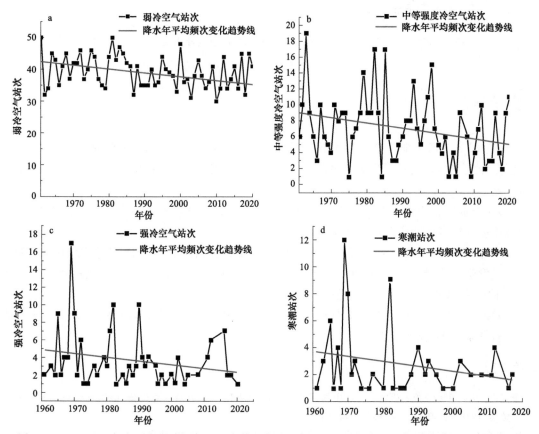

图 4 1961—2020 年安顺市弱冷空气(a)、中等强度冷空气(b)、强冷空气(c)、寒潮(d)带来的降水站次

4 按季节分类

按季节分类来看,寒潮降水发生次数最多的是春季 16 次,其次是冬季的 11 次和秋季的 5 次;强冷空气降水发生最多的是秋季为 111 次,其次是春季的 90 次,冬季 46 次,夏季最少为 3 次;中等强度冷空气降水最多为秋季 270 次,其次为春季的 249 次,冬季 176 次;弱冷空气降

水最多为秋季的 3405 次,其次是春季的 2860 次,最少为夏季的 2161 次(图 5a)。

冷空气带来的降水中,其中春季占 27.2%,夏季占 18.53%,秋季 32.07%,冬季 22.21%,秋季最多,夏季最少(图 5b)。

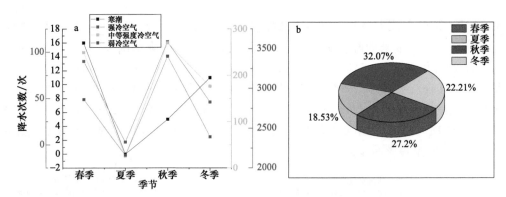

图 5　1961—2020 年安顺市不同季节不同强度冷空气降水次数(a)和比例(b)

5　结论

(1)近 60 a 安顺市弱冷空气发生频次最多,中等强度冷空气次多,寒潮最少。其中寒潮、中等强度冷空气(站)次呈现显著减少趋势,强冷空、弱冷空未达到 95% 的信度水平,呈现不显著减少趋势。

(2)对安顺市各级冷空气进行 M-K 分析检验结果表明,寒潮和强冷空气突变特征不明显,中等强度冷空气和弱冷空气出现了突变。

(3)对安顺市冷空气带来的降水年平均频次变化趋势情况进行分析,发现近 60 a 安顺市弱冷空气发生频次最多,中等强度冷空气次多,寒潮最少。除寒潮外,其余等级冷空气均达到了 95% 的信度水平,呈显著减少趋势。

(4)冷空气带来的降水中,其中春季占 27.2%,夏季占 18.53%,秋季 32.07%,冬季占 22.21%,秋季最多,夏季最少。

参考文献

[1] 李宪之.东亚寒潮侵袭的研究[M]//中国近代科学论著丛刊气象学编写委员会.中国近代科学论著丛刊气象学(1919—1949).北京:科学出版社,1955:35-118.

[2] 陶诗言.东亚冬季冷空气活动的研究[R]//中央气象局.短期预报手册.北京:1957:20-55.

[3] 张培忠,陈光明.影响中国寒潮的冷高压统计研究[J].气象学报,1999,57(4):493-501.

[4] 仇永炎,刘景秀.寒潮中期预报研究成果简介[J].气象学报,1985,43(2):253.

[5] 刘怡,仇永炎.用轨迹法研究寒潮个例[J].气象学报,1992,50(1):62-73.

[6] 康志明,金荣花,鲍媛媛.1951—2006 年期间我国寒潮活动特征分析[J].高原气象,2010,29(2):420-428.

[7] 王遵娅,丁一汇.近 53 年中国寒潮的变化特征及其可能原因[J].大气科学,2006,30(6):1068-1076.

[8] 李峰,矫梅燕,丁一汇,等.北极区近 30 年环流的变化及对中国强冷事件的影响[J].高原气象,2006,25(2):209-219.

[9] 全国气象防灾减灾标准化技术委员会.冷空气等级:GB/T 20484-2017[S].北京:中国标准出版社,2017.

第三部分

大雾

大雾概述

　　雾是近地面大气中悬浮的小水滴或（和）冰晶的聚集体。轻雾的水平能见度＜10 km，雾的水平能见度＜1 km，常呈乳白色；大雾是指由于近地层空气中悬浮的无数小水滴或小冰晶造成水平能见度不足 500 m 的一种天气现象。根据空气达到过饱和的形成条件不同，通常分为辐射雾、锋面雾和地形雾。

　　安顺地处贵州省中部的西、南地区，经常处于静止锋的控制下，容易产生锋面雾，近 50 a 大雾和浓雾的区域分布较为分散，冬季出现最多，开始时间和结束时间集中在上午时段和夜间；安顺区域内大雾和浓雾总站次的线性演变趋势为略有减少，但各站不很一致，M-K 检验表明较为显著的变化特征是 20 世纪 70—80 年代有减少的趋势，但各站之间也有一定差异。最低气温、气温差、相对湿度等对于是否出现静止锋雾及雾的强度有一定的指示意义，而最低气温、气温差、气压差、08 时气温较前一日 20 时气温差等对是否出现辐射雾及其强度有一定的指示意义。

　　采用 B/S 软件结构，以 Windows7 操作系统为开发平台，使用 ASP 开发环境、VBScript 脚本语言、SQL Server 数据库等技术，实现大雾监测与预警预报、大雾历史个例与天气系统的查询显示与 Excel 文件输出等功能。

贵州省两次大雾过程的对比分析

王兴菊　吴哲红　陈贞宏

(安顺市气象局,安顺,561000)

摘　要:利用地面观测资料、高空探测资料以及美国国家环境预报中心(NCEP)再分析资料,分析贵州省2011年2月22日(简称"11·2")和2012年11月17日(简称"12·11")的大雾过程的特点、性质及环流背景,同时分析雾过程中的水汽、动力等条件。结果表明:"11·2"大雾过程中,贵州受静止锋影响,属于锋面雾。"12·11"大雾过程中,贵州处于冷高压后部,属于辐射雾。锋面雾和辐射雾的雾区都与高湿中心区有很好的对应。锋面雾发生时有微弱的上升运动,辐射雾为一致的下沉运动。两次大雾过程中都有逆温层存在。两次大雾过程中贵州中部低层都有暖平流输入,使暖湿空气移到温度较低的下垫面,冷却凝结达到饱和,有利于近地层逆温的建立和维持,形成大雾天气。两次大雾过程中水汽通量散度在中低层都有水汽辐合,"11·2"通过增湿过程达到饱和状态产生凝结,使水汽达到饱和,从而大雾得以维持和发展。

关键词:锋面雾,辐射雾,静止锋

引言

雾是近地面大气中悬浮的小水滴或(和)冰晶的聚集体。轻雾的水平能见度<10 km,雾的水平能见度<1 km,常呈乳白色(工业区常呈土黄或灰色)。根据空气达到过饱和的形成条件不同,通常分为辐射雾、锋面雾及地形雾。

雾作为一种灾害性天气,引起了国内外许多专家的关注。很多研究对不同大雾天气做了分析。例如:大连初冬一次辐射平流雾天气过程分析[1];沪宁高速公路一次大雾过程的数值模拟及诊断分析[2];华北平原一次持续性大雾过程的成因[3];雾日期间边界层特性分析[4]。近年来,随着贵州省高速公路的迅速发展,雾的影响也更加突出,研究表明,贵州的年平均雾日有30 d,并存在很大的地域差异,开展贵州雾的预报研究显得尤为重要。以往的研究多集中在单个例上,本文选取"11·2"和"12·11"发生在安顺的两次大雾过程进行对比分析,以期对大雾预报分析提供有价值的思路。本文使用了地面观测资料、高空探测资料、NCEP再分析资料等。

1　两次大雾过程概况及资料

气象上将雾的等级划分为5个标准,按水平能见度距离划分:在1~10 km的称为轻雾,低于1 km的称为雾,在200~500 m的称为大雾,在50~200 m的称为浓雾,不足50 m的称为强浓雾。

从贵州省 84 个国家级气象观测站 08 时实况观测数据看出，"11·2"过程有 71 站出现轻雾，14 站出现雾，7 站出现大雾，1 站出现浓雾（图 1a）；"12·11"过程有 45 站出现轻雾，16 站出现雾，11 站出现大雾，7 站出现浓雾，2 站出现强浓雾（图 1b）。从两次大雾过程的空间分布来看，主要是在贵州中部的贵阳、安顺一线，严重影响沪昆高速公路中贵黄段，且"12·11"过程的范围和强度大于"11·2"过程。两次大雾过程，基本上是从当天 05 时开始出现雾，到 08 时，强度和范围达到最大，到 11 时，大雾过程基本结束。

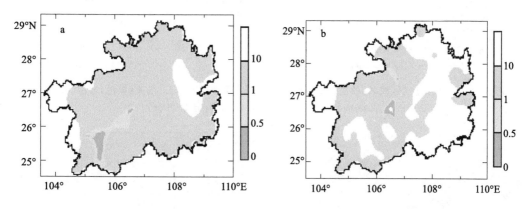

图 1　贵州省能见度（填色，单位：km）分布图
(a)2011 年 2 月 22 日 08 时；(b)2012 年 11 月 17 日 08 时

2　天气形势分析

"11·2"过程中，22 日 08 时（图 2a），500 hPa 中高纬为一槽一脊型，乌拉尔山附近为一低槽，贝加尔湖西面为高压脊，东亚大槽位于 110°E，槽底南伸到 40°N 附近。在四川东部有高原槽，南支槽稳定在 97°E 附近，贵州处在槽前西南气流控制下，其最大风速 26 m·s⁻¹ 左右。从 22 日 08 时地面图来看（图 3a），静止锋位于川南，冷锋位于秦岭到四川北部一带，未来有冷空气从东北路径补充影响贵州，贵州受强度为 1020 hPa 的气压场控制，贵州除南部受西南气流（风力较弱）影响外，贵州大部分受 2～4 m·s⁻¹ 的西风影响，且西北部为弱的辐合区，与雾区相对应。除贵州西南角外，贵州大部地区在 05—08 时有降水出现。据统计，贵州 95% 的锋面雾在发生前 12 h 内均有降水出现。

"12·11"过程中，17 日 08 时（图 2b），500 hPa 中高纬呈两槽一脊型，贝加尔湖附近维持一庞大的高压脊，其东侧的东北冷涡较为强盛，冷涡中心位于 55°N、135°E，冷涡的稳定维持阻碍了高压脊的东移，使高压脊得以长时间的维持。大雾期间，从新疆到华南北部均受西北气流控制，这是造成贵州区域性辐射大雾的主要原因。从 17 日 08 时地面图（图 3b）来看，贵州位于该高压脊的后部。在高压系统的控制下，夜间天气晴朗，风力微弱，中部以南地区主要受偏东气流影响，风力在 0～2 m·s⁻¹，且中部为弱辐合区，与雾区对应较好。

综上所述，"11·2"大雾过程中，贵州受静止锋影响，属于锋面雾。"12·11"大雾过程中，贵州处于冷高压后部，属于辐射雾。两次过程中地面风很弱，"11·2"以 2～4 m·s⁻¹ 的偏西气流影响为主，"12·11"以 0～2 m·s⁻¹ 的偏东气流影响为主。

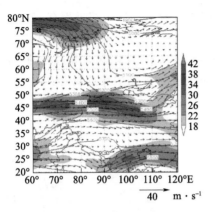 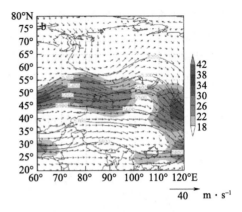

图 2　500 hPa 高度场(线条,单位:gpm)和流场(箭头)及≥18 m·s^{-1}风速(填色,单位:m·s^{-1})

(a)2011 年 2 月 22 日 08 时;(b)2012 年 11 月 17 日 08 时

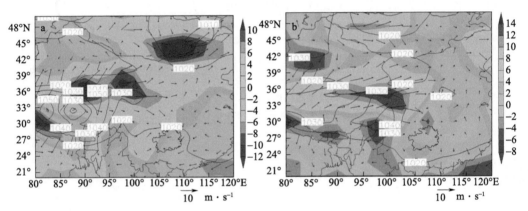

图 3　海平面气压场(线条,单位:hPa)和海平面气压距平(填色,单位:hPa)及风速(箭头,单位:m·s^{-1})

(a)2011 年 2 月 22 日 08 时;(b)2012 年 11 月 17 日 08 时

3　物理量场特征

3.1　水汽及垂直上升运动条件

"11·2"过程中,从 22 日 08 时沿 26°N 处相对湿度、垂直速度的经向—高度剖面图(图 4a)来看,贵州中部地区贴地层相对湿度大,在 105°—111°E 区域内 850 hPa 以下有一个高湿中心,其中心值接近 100%。随着高度的上升,相对湿度明显降低。从图 4a 还可以看出,600 hPa 到地表层有微弱的上升运动,弱中心在 850 hPa 附近,其中心值为 $-0.2\times$ 10^{-3} hPa·s^{-1}。近地面层微弱的上升运动,将近地层的水汽向上输送,使湿度达到饱和。由于对流很弱,近地面水汽不能向高层输送,增强了底部水汽的积累,这个过程有利于大雾的产生[3]。

"12·11"过程中,从 17 日 08 时沿 26°N 处相对湿度、垂直速度的经向—高度剖面图(图 4b)来看,贵州范围内近地层相对湿度较大,基本在 80% 以上,且 105°E 附近湿度接近

100%,随着高度的上升,相对湿度明显降低。从图4b还可以看出,17日08时,贵州为下沉气流,17日夜间到早晨贵州上空晴朗无云,由于夜晚辐射降温的作用,使得水汽接近饱和,有利于形成大雾。大雾发生期间,低层风速较小,接近静风等级。近地面层的微风或静风通过减弱湍流混合可加快辐射冷却作用,利于长波辐射降温,为雾的生成、发展提供了有利条件[4]。

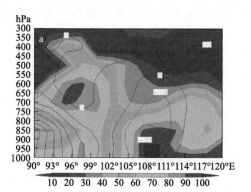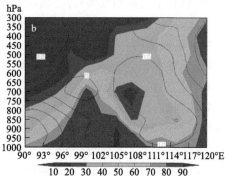

图4　湿度场(填色,%)和垂直速度场(线条,单位:hPa·s⁻¹)沿26°N的垂直剖面图
(a)2011年2月22日08时;(b)2012年11月17日08时

综上所述,两次大雾过程中,雾区与高湿中心区有很好的对应关系。"11·2"大雾过程中,有微弱的上升运动,有利于产生弱降水,少量的降水(0.1～5.0 mm)可增加空气湿度,有利于雾的发生。"12·11"过程中,为下沉气流,有利于辐射降温产生大雾。

3.2 温度场

贵州中东部上空800 hPa以下出现逆温层,"11·2"在850 hPa附近出现9 ℃的逆温层,与低层温差达到1 ℃(图5a);"12·11"逆温更为明显,在850 hPa上出现10 ℃的逆温中心,与低层温差达3 ℃,逆温层高度比"11·2"过程高(图5b)。由于受稳定结构逆温层的影响,对流不易发生,大量气溶胶粒子和水汽积聚在逆温层下面无法向上扩散,对大雾天气的出现和维持提供了有利条件。总之,逆温层的高度和强度与雾的状况有密切关系,逆温层过低,致使饱和空气层的厚度较薄,一般生成的是浅雾;逆温的强度越强,越能阻止湿层向上发展,地面积聚的水汽就越多,能见度越低。因此,"12·11"过程中雾的强度和范围比"11·2"过程强和大。

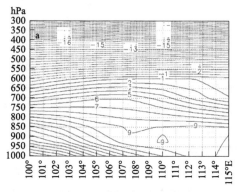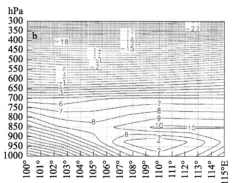

图5　温度场(线条,单位:℃)沿26°N的垂直剖面图
(a)2011年2月22日08时;(b)2012年11月17日08时

3.3 温度平流场

温度平流是造成大尺度垂直运动和天气系统发展的重要热力学因子之一,暖平流引起地面气压降低,有利于气旋的发展;冷平流引起地面加压,有利于反气旋的发展。由于大雾一般在近地面生成,利用温度平流场剖面图来分析这两次大雾过程中在温度平流上的表现特征。

从温度平流沿 26°N 的垂直剖面图来看,"11·2"中 22 日 08 时来看(图6a),整个贵州 750 hPa 以下有暖平流,在 750~500 hPa 贵州西部地区有$-6×10^{-5}$ ℃·s^{-1}的冷平流,东部有 $1.2×10^{-4}$ ℃·s^{-1}的暖平流,贵州中部一线有明显的冷暖平流交汇,与22日08时大雾的发生区域对应很好。"12·11"过程中,17日08时(图6b),由于此次大雾是辐射冷却造成的,在整个贵州范围内 500 hPa 以下基本上都为冷平流,只在近地层贵州中部有较弱的暖平流存在,冷暖平流交汇于 107°E 附近,与实况中的大雾发生中心对应较好。从两次大雾过程分析来看,贵州中部低层都有暖平流输入,使暖湿空气移到温度较低的下垫面,冷却凝结达到饱和,有利于近地层逆温的建立和维持,形成大雾天气。其中"12·11"中的暖平流比"11·2"中要弱得多,更容易遭到破坏,所以 17 日 08 时过后雾很快消失,贵州省转为晴朗少云的天气。

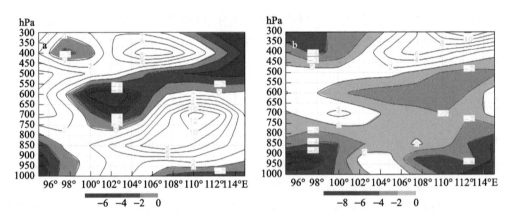

图 6 温度平流场(线条+填色,单位:10^{-5} ℃·s^{-1})沿 26°N 的垂直剖面图
(a)2011 年 2 月 22 日 08 时;(b)2012 年 11 月 17 日 08 时

3.4 水汽条件

雾的形成过程与层云形成过程是一样的,要求水汽达到饱和状态产生凝结。达到饱和状态有两种基本过程,一种是增湿,一种是冷却。从水汽通量散度沿 26°N 的垂直剖面图来看,"11·2"过程中,22 日 08 时(图7a),雾区基本上为弱的水汽辐合,贵州处于大片弱水汽辐合区内,850 hPa 以下水汽通量散度均为负值,近地面层有$-1.5×10^{-6}$ g·cm^{-2}·hPa^{-1}·s^{-1}的辐合中心,有利于低空水汽的积聚,为雾的生成提供了充分水汽条件,水汽通过增湿过程达到饱和状态产生凝结。"12·11"过程中,17 日 08 时(图7b),在 700 hPa 上,贵州上空有弱的水汽辐合,高层为水汽辐散,水汽通过辐射冷却过程达到饱和状态产生凝结。因此,增湿和冷却都能达到饱和状态产生凝结,使水汽达到饱和,从而造成大雾维持和发展。

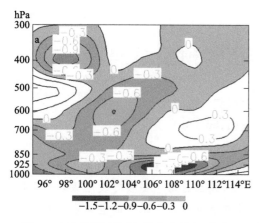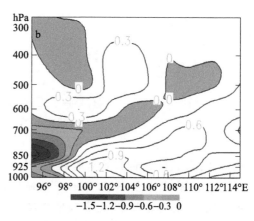

图 7　水汽通量散度场（线条＋填色，单位：10^{-6} g·cm^{-2}·hPa^{-1}·s^{-1}）沿 26°N 的垂直剖面图
(a)2011 年 2 月 22 日 08 时；(b)2012 年 11 月 17 日 08 时

4　结论

（1）"11·2"大雾过程中，贵州受静止锋影响，属于锋面雾；"12·11"大雾过程中，贵州处于冷高压后部，属于辐射雾。

（2）锋面雾和辐射雾的雾区与高湿中心区有很好的对应关系。锋面雾过程，在 600 hPa 及以下为弱的上升运动，辐射雾过程，由高层到低层均为下沉运动。

（3）两次大雾过程中均有逆温层存在，"11·2"过程中逆温层比"12·11"明显，"12·11"过程中，雾的强度和范围比"11·2"过程强和大。

（4）两次大雾过程中贵州中部低层都有暖平流输入，使暖湿空气移到温度较低的下垫面，冷却凝结达到饱和，有利于近地层逆温的建立和维持，形成大雾天气。

（5）两次大雾过程中，水汽通量散度场上，在中低层均有水汽辐合。"11·2"过程，水汽通过增湿过程达到饱和状态产生凝结，使水汽达到饱和，从而使大雾得以维持和发展；而"12·11"过程中，水汽通过辐射冷却过程达到饱和状态产生凝结，使水汽达到饱和，从而使大雾生存。

参考文献

[1] 王爽，张宏升，吕环宇，等.大连初冬一次辐射平流雾天气过程分析[J].大气科学学报，2011，34（5）：614-620.

[2] 严明良，缪启龙，袁成松，等.沪宁高速公路一次大雾过程的数值模拟及诊断分析[J].高原气象，2011，30（2）：428-436.

[3] 何立富，陈涛，毛卫星.华北平原一次持续性大雾过程的成因分析[J].热带气象学报，2006，22（4）：340-350.

[4] 刘建忠，张蔷，杨道侠.雾日期间边界层特性分析[J].干旱气象，2010，28（1）：41-48.

安顺市大雾监测预警预报系统

符凤平　王兴菊　吴哲红　陈贞宏

(安顺市气象局,安顺,561000)

摘　要: 基于 C/S 和 B/S 工作模式,结合业务实际需求,分别使用 VB 编程语言、ASP 架构、Java Script 脚本语言、SQL Server 数据库等技术,建立适用于安顺行政区域的大雾监测预警预报系统,实现大雾监测、大雾预警预报、大雾历史个例与天气系统的查询显示及 Excel 表格在线输出等功能。系统前端主要基于 Web 方式,所有程序均运行在服务器端,用户仅需使用浏览器打开系统网址即可。从技术方法、数据库结构、主要实现功能、后台入库及网页自动刷新程序等方面对系统作介绍。

关键词: 大雾监测,ASP,预警预报,SQL Server,CIMISS

引言

大雾是比较常见的灾害性天气之一。低能见度的雾对农业生产、交通运输、电力系统以及人们的日常生活构成严重威胁,尤其是对交通运输安全的影响最大。通过对交通事故和大雾历史资料的统计分析发现,能见度低、交通条件差是造成交通事故的主要原因,尤其是能见度低于 200 m 的雾对交通安全造成严重的危害[1]。每年因大雾天气造成汽车追尾、车毁人亡的交通事故屡有发生。

影响雾的预报因素较多,包括湿度、温度、风、辐射、平流等。正因为如此,雾的预报比其他天气难,预报时效也比较短,不像其他的温度、降水等天气要素,可提前若干天进行预报。由此可见,开展对大雾监测、预警预报的研究,建立实时大雾监测和预警预报系统显得十分迫切[2]。

在此之前,安顺市在对大雾监测、预警预报等方面的研究还是一个空白,缺乏一个较为规范的大雾监测与预警预报平台。本系统充分利用已建成的网络资源以及丰富的气象数据实现大雾监测、大雾预警预报、大雾历史个例与天气系统的查询显示及 Excel 文件输出等功能,有效提高安顺市大雾监测与预警预报能力[3]。

1 系统简介

1.1 主界面

系统主界面见图 1。

图 1　系统主界面

1.2　技术方法

基于省－地气象光纤通信网和局域网,采用 B/S 软件结构,以 Windows7 操作系统为开发平台,使用 ASP 开发环境、VBScript 脚本语言、SQL Server 数据库等技术,实现大雾监测与预警预报、大雾历史个例与天气系统的查询显示与 Excel 文件输出等功能。

1.3　数据库介绍

采用 SQL Server 2000 数据库,系统使用两个数据库,一个数据库名为 as_aws,另一个名为 fog。as_aws 数据库中的 dmxx 表存放着各站多个地面自动气象站要素,如能见度、相对湿度、10 min 风向风速等,由后台程序自动处理入库生成。fog 数据库共包含 3 张表:大雾历史个例、大雾预报结论、天气系统表。其中大雾历史个例表包含年、月、日、站号、站名、大雾类型、发生时间段、02 时能见度、08 时能见度、14 时能见度、20 时能见度等字段,保存有 1961—2010 年的大雾资料。天气系统表包含年、月、日、发生站数、过程站名、系统类型、地面气压、500 hPa 高度、700 hPa 高度、850 hPa 高度、700 hPa 急流、850 hPa 急流、700 hPa 比湿、850 hPa 比湿、锋面位置、逆温层等字段,保存有 1991—2012 年的大雾历史天气系统资料。

2　主要实现功能

2.1　大雾监测

2.1.1　实时监测

从本地数据库 as_aws 中读取各市县最新时次的能见度信息,使用绘制图形热点方法显示在安顺地形图上,网页界面每隔 20 s 自动刷新一次,为方便操作,在下方设有停止刷新、启动刷新按钮。数据库使用 SQL Server 2000,存放本行政区域各市县各时次地面自动气象站资料,后台程序自动定时入库。

自动从服务器上的预警信号目录中读取最新气象预警信息,显示在安顺地形图的上方,并将预警信号类别进行滚动显示。该目录的预警信息由灾情直报系统自动生成。获取最新预警文件 ff(j) 的关键代码如下:

```
<%
Set FSO=Server. CreateObject("Scripting. FileSystemObject")
Set CurFol der=FSO. GetFol der("E:\ datavol\灾情直报\灾情直报 2. 0\预警信号信息\")
Set SubFiles=CurFol der. Files
'算出目录中文件个数
i0=0
For Each EachFile in SubFiles
    i0=i0+1
Next
'将文件最后修改时间和文件名分别读到数组
Re dim tt(i0)
Re dim ff(i0)
j0=1
For Each EachFile in SubFiles
    tt(j0) =now-EachFile. datelastmo difie d
    ff(j0)=EachFile. name
    j0=j0+1
Next
'获取最新时间的文件名
For i=i0 To 1 Step-1
  For j=1 To i-1
      If tt(j)>tt(j+1) Then
          t=tt(j+1)
          ft=ff(j+1)
          tt(j+1)=tt(j)
          ff(j+1)=ff(j)
          tt(j)=t
          ff(j)=ft
      En d If
    °ext
Next
```

2.1.2 大雾预警

首先从数据库中读取各市县最新时次的能见度信息,然后对其进行判断,将判断结果滚动显示在主界面地形图的上方。判断规则如下：在本行政区域如有 2 站能见度＜2000 m,滚动提示发布轻雾预警信号；如有 2 站能见度＜500 m 并≥200 m,滚动提示发布大雾黄色预警信号；如有 2 站能见度＜200 m 并≥50 m,滚动提示发布大雾橙色预警信号,如有 2 站能见度＜50 m 并将持续滚动提示发布大雾红色预警信号。

2.2 预警预报

2.2.1 短临预报

从数据库中读取各市县最新时次的相对湿度、10 min 风速、能见度等信息,然后对未来大雾趋势进行分析与预报,将结果滚动显示在主界面地形图的上方,同时在地形图上相应的站点标注处以小圆球闪烁显示。大雾预报采取以下规则：每站逐时次相对湿度＞95％,且 10 min 风速＜4 m·s^{-1},能见度＜2000 m 并较上一时次降低,文字滚动提示"能见度在降低,未来可能有雾出现"。闪烁关键代码如下：

```
<script language＝javascript>
    var msecs＝500;
    var counter＝0;
    function soccerOnloa d(){
    setTimeout("blink()",msecs);
    }
    function blink(){
    soccer. style. visibility＝
    (soccer. style. visibility＝＝"hi d den")?"visible":"hi d den";
    counter＋＝1;
    setTimeout("blink()",msecs);
    }
</script>
```

2.2.2 大雾预报

大雾预报结论由后台程序自动生成,存放在数据库 fog 的大雾预报结论表中,该表主要包含起报日期、录入日期、预报结论等 3 个字段。这里主要从数据库读取预报结论,直接显示在网页端。

2.3 历史个例查询

2.3.1 按站名查询

使用两个列表控件,左边控件显示站名,右边控件显示具体日期。当在左边控件选择某站名时,则自动从数据库 fog 的大雾历史个例表中读取该站发生大雾的历史日期,并显示在右边的列表控件中。选择好站名和日期,点击确定后,查询结果以表格方式在线显示,并可导出为 Excel 文件(图 2)。

图 2　按站名查询界面

2.3.2　按日期查询

使用两个列表控件,左边控件显示具体日期,右边控件显示站名。当在左边控件选择某日期时,则自动从数据库 fog 的大雾历史个例表中读取该日期发生大雾的所有站名,并显示在右边的列表控件中。则该日期发生大雾的所有站名会自动显示在右边的列表控件中。选择好日期和站名,点击确定后,查询结果以表格方式在线显示,并可导出为 Excel 文件。

2.4　历史天气系统查询

历史天气系统可分为西部静止锋、中部静止锋、辐射雾等,系统根据数据库表中的类型字段,可对历史天气系统进行分类检索,导出到 excel 文件中,图 3 为中部静止锋查询界面。

3 | 结论

系统本着业务实际需要而设计,采用 CS 和 B/S 工作模式充分利用 1960 年以来的安顺大雾天气历史数据,结合预报业务、服务与管理需求,建立一个基于 Web 方式的安顺市大雾监测预警预报系统,最终实现大雾监测、大雾预警预报、大雾历史个例与天气系统的查询显示及 Excel 文件输出等功能。系统开发完成后,可扩充运用于对其他类型灾害性天气如冰雹、干旱、暴雨等的应用研究。自投入业务运行以来,较大地满足了预报业务服务和管理需求,在安顺市大雾监测、预警预报以及对大雾历史个例与天气系统的查询显示等方面发挥了重要作用,有效提高了灾害性天气的保障能力。

图3　中部静止锋查询界面

参考文献

[1] 柏枫,陈邦怀,张丙振.皖北地区大雾监测预警系统建设探析[J].安徽农业科学,2010,38(5):2449-2450
　　+2486.

[2] 符凤平,吴哲红,高如玉.安顺市暴雨个例数据库应用系统的设计与实现[J].贵州气象,2017,41(1):
　　59-63.

[3] 符凤平,吴哲红,裕丽君.基于WEB方式的地面自动站逐时气象要素共享平台[J].黄州气象,2012,36
　　(6):50-53.

安顺大雾的环流分型及预报指标分析

吴哲红　陈贞宏　王兴菊　符凤平　冯新建

(安顺市气象局,安顺,561000)

摘　要: 利用大雾观测资料、MICAPS 资料及美国国家环境预报中心(NCEP)1°×1°资料,对安顺区域性大雾根据形成机制划分为静止锋雾和辐散雾,并将静止锋雾划分为西部(西南部)静止锋型和中部(减弱)静止锋型,分别对 3 种环流型作出天气学概念模型,并选取典型个例对大雾发生的动力和热力特征开展分析。结果表明:西部(西南部)静止锋雾出现在静止锋稳定维持期间,主要是由于静止锋低层水汽抬升,中层下沉气流使水汽仅能在近地层较低的环境温度中凝结;中部静止锋雾出现时在南部往往有辐合切变,较强的暖湿平流出现在锋前,静止锋移动到贵州中部,形成机制除有静止锋雾的机制外,还具有平流雾的特征;辐射雾则整层为下沉气流,水汽饱和层很薄,由于下沉逆温使水汽集中于近地层,夜间辐射降温使水汽凝结而成雾。对发生雾和未发生雾的站点的关键气象因子进行了比较分析,分别找到了一些静止锋雾和辐射雾的关键指标。

关键词: 大雾,环流分型,典型个例,预报指标

引言

　　雾是指空气中悬浮着大量的微小水滴,使大气水平能见度<1000 m 的天气现象[1]。按水平能见度距离划分为 5 个标准:1~10 km 的称为轻雾,低于 1 km 的称为雾,在 200~500 m 的称为大雾,在 50~200 m 的称为浓雾,不足 50 m 的称为强浓雾。随着经济的日益发展,雾对交通的影响、危害和造成的灾害也达到了空前的程度,已成为交通安全的第一杀手[2-3]。近年来对雾的影响、气候特征、物理过程、区域时空分布、天气学分型、形成机制等的研究已取得大量成果[4-10]。贵州是一个多雾的地区,罗喜平等[11]分析了近 40 a 贵州雾的气候特征,近年来为了探讨雾更为细致的结构和演变特征,很多学者选取典型个例开展雾的诊断分析和数值研究。杨静等[12]对贵州山区一次锋面大雾进行了数值模拟研究。但以往的研究主要针对贵州省大范围大雾天气,对贵州中西部的雾研究不多,研究表明近年来大雾天气有可能发生了一定的气候变化,并且我国各地天气特点各异,地形复杂,雾的区域性特点较强[13]。因此本文拟对处于贵州中西部的安顺地区的大雾时空分布、演变特点、天气学分型以及关键气象要素指标进行统计分析比较。

1　资料和方法

　　本研究利用 1961—2010 年安顺市所属 6 个国家基本(一般)站的大雾天气现象观测资料

进行时空分布统计分析,对大雾出现日数进行了气候特征演变分析[17-18],对同一日有 2 站以上的区域性大雾个例根据其形成机制不同分为辐射雾和静止锋雾,并进一步将静止锋雾划分为西部(西南部)静止锋雾和中部(减弱)静止锋雾,对其天气学概念模型进行了划分,并选取典型个例对三种类型雾的动力、热力特征进行了诊断分析,最后对关键气象因子进行统计分析,得到一些关键气象要素指标。

2 安顺大雾天气的时空分布特点及演变趋势

根据对 1961—2010 年近 50 a 大雾观测资料的统计,安顺市大雾总体分布为东北部较多,年平均在 1~3 次,其余地区在 1~2 次,单站出现的次数以安顺本站最多,其次为关岭,普定最少。

罗喜平等[11]的研究结果表明,贵州的雾多集中于冬季,就安顺来说,也存在同样的气候规律,冬季大雾出现最多,占到 55%,其次为春季,占到 21%,秋季占到 16%,夏季最少,仅占到 8%。

选取夜间进行观测的安顺国家基本气象观测站资料分析大雾起止时间和持续时间。大雾开始的时间较为分散,一天中几乎任何时间均可能开始,最多的是 07 时,占 19%,其次为夜间 20 时,占到 12%。与罗喜平等[11]的研究基本一致。

结束时间同样可能出现在一天中的多个时间,较为集中的是在夜间 20 时左右。大雾开始时间和结束时间均集中在上午时段和夜间,原因一个是源于锋面雾和辐射雾两种雾的生成机制不同,锋面雾多生成于白天,消散于夜间,而辐射雾多生成于夜间到上午,消散于中午前后。

大雾持续时间一般在 5 h 以内,最多的是持续在 1 h 以内的,具有生消快的特点。

很多研究表明,雾日的气候特征出现了一些变化[5],吴兑等[13]的研究表明"长江以南各省的轻雾日数明显多于长江以北地区,而且 20 世纪 80 年代以后轻雾日有明显增加,西南地区是我国轻雾日最多的地区"。为分析安顺市大雾的气候特征是否发生了变化,对各年代际安顺大雾出现日数进行了统计。多数站点大雾日数 20 世纪 70 年代年出现次数较多,20 世纪 80—90 年代较少。20 世纪 60—70 年代大雾年平均日数有所增加,到 20 世纪 80 年代明显减少,20 世纪 90 年代到 21 世纪的前 10 a 又有所增加。

为进一步分析研究这些变化是否显著,使用 M-K 方法和线性倾向估计方法[18],分析安顺区域内大雾的时间演变及突变趋势。结果表明,安顺区域内大雾总站次的线性演变趋势较为显著的特征是 20 世纪 70 年代到 80 年代有减少的趋势,21 世纪后多数站点有所增加,但这些趋势均未出现突变。

3 区域性大雾过程天气分型

以往的研究[11-12]将贵州省的雾根据其形成的原因分为锋面雾、辐射雾和地形雾 3 种。锋面雾是在冷暖空气的交界处即贵州冬季常见的准静止锋附近产生的;辐射雾则是由于地面辐射冷却作用使近地面空气层水汽达到饱和,凝结而形成的雾,它多出现在晴朗、微风而近地层又比较潮湿的夜晚或清晨；还有一种地形雾，又称上坡雾，是空气向山坡或地形高处爬升的过程中，由于绝热膨胀，冷却凝结而形成的雾。

实际上地形雾常常与静止锋雾或辐射雾同时出现，在有利的天气形势下地形对雾的形成、加强和消散起到促进或减弱作用，在此不作讨论。在实际工作和研究分析中发现安顺出现最多的是静止锋雾，但由于静止锋在贵州维持地点和阶段不同，主要在安顺形成两种静止锋雾，静止锋维持在西部（西南部）时和减弱东推至贵州中部时在安顺形成的大雾在其形成机制上有着一定的区别。

利用实际观测资料结合 MICAPS 资料，将安顺 1991—2010 年 24 h 内同时有 2 站以上观测到大雾的过程作为区域性过程，分析其典型天气学配置，对大雾过程进行天气学分型。20 a 共出现 50 次区域性大雾天气过程，由于大雾多发生于近地层，与地面形势和要素联系密切，根据发生大雾时的地面形势，将安顺大雾主要分为两类：静止锋雾和辐射雾，其中静止锋雾又划分为西部（西南部）静止锋雾和中部静止锋雾（静止锋减弱型雾）两类，对其典型环流配置进行分析总结。

3.1　西部或西南部静止锋雾

此类雾共出现 11 次，绝大多数（9 次）都出现在隆冬 12 月至次年 2 月，3 月和 10 月各有 1 次。

此类雾发生时（图 1a），静止锋处于贵州西部或西南部，500 hPa 多波动，贵州为偏西气流或处于南支槽前西南气流，700 hPa 贵州为西南气流，西南气流多数达到急流强度以上，在高原附近有暖中心或暖脊。

850 hPa 有冷舌从东北向西南伸展到贵州北部或东北部，贵州西部或西南部等温线密集。出现这种形势时，冷暖空气势力均较强，静止锋在贵州西部或西南部维持，一般有弱的降水和雾同时出现，为雨雾。雾出现在锋面附近。根据 $T\text{-}\ln P$ 图统计分析，此类雾出现时逆温不一定强，低层为弱逆温或等温。

3.2　中部静止锋雾或静止锋减弱雾

此类雾共出现 20 次，是最多的一种，多数仍出现在隆冬（12 次），春季 4 次，秋季 3 次，夏季 1 次。

此类雾发生时（图 1b），冷空气势力减弱，贵州地面经常处于冷高压后部，在云南东部或东南部有热低压开始发展，因此贵州气压场西高东低，静止锋处于贵州中部贵阳附近，等压线开始变得稀疏。

高空形势基本与第一种类似，只是在低层冷舌已不明显，850 hPa 贵阳为东风或东南风，广西北部到贵州南部有较强的南风或西南风，形成西南急流，暖湿平流较强，在贵州南部或西南部形成东风和南风的切变或南风风速的切变。此类雾一般出现在静止锋的锋前一侧，可以有降水也可能没有。此类雾出现时一般中低层接近饱和，湿层较厚，低层有逆温但不一定强。

3.3 辐射雾

此类雾共有 19 次,有 5 次出现在冬季,春季有 4 次,夏季 4 次,秋季 6 次。

出现此类雾(图 1c)时地面贵州处于变性冷高压控制或冷高压底部,均压场,为晴空区,整层受西北气流影响或高压环流控制,脊后有暖脊或暖中心配合。此类雾出现时由于低层辐射降温逆温较明显,湿层较薄。此类雾范围较大。

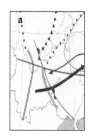 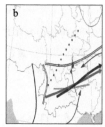 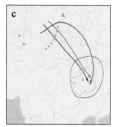

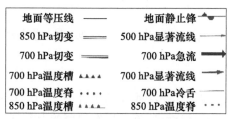

图 1 三类大雾的典型天气学配置示意图
(a)西部(西南部)静止锋型;(b)中部(减弱)静止锋型;(c)辐射型

4 大雾典型个例分析

为进一步分析了解大雾的形成机制,利用 NCEP 1°×1°资料结合 MICAPS 观测资料对两次大雾典型个例的动力、热力特征进行分析。

4.1 两次大雾个例实况

选取 2008 年 1 月 25 日、2008 年 6 月 28 日两次大雾典型个例进行分析,分别分析大雾个例的动力、热力、水汽等特征。

两次大雾出现时间均为上午。

2008 年 1 月 25 日(个例 1)500 hPa 为偏西平直气流为主,700 hPa 贵州受较强西南风控制,风速达到急流以上,最大风速 28 m·s^{-1},850 hPa 为偏东风,发生大雾时地面贵州西部到云南东部等压线密集,贵州有降雪和冻雨,雾区与雨区叠加,主要在锋后,属西部静止锋型雨雾(图 2a)。

2008 年 6 月 28 日(个例 2)从高层到低层均受偏北风控制,地面为均压场,从高原上有高压南压,夜间到早晨没有降水出现,属高压底部型辐射雾,雾的分布在均压场内,范围较大(图 2b)。

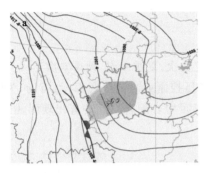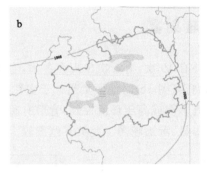

图2 两次大雾典型个例当日08时地面气压场(线条,单位:hPa)、
雨区(填色,绿色)、雾区(填色,黄色)配置图
(a)个例1;(b)个例2

4.2 两次大雾个例动力及热力特征分析

以下分别对个例1、个例2发生大雾前和发生大雾期间的动力及热力特征进行分析。

4.2.1 个例1

涡度和垂直速度的垂直分布(图3)表明2008年1月24日20时和25日08时贵州近地层为静止锋区冷暖空气辐合区,为正涡度区,近地层有较薄的上升气流,中低层负涡度区,气流下沉,该下沉气流能阻止水汽的向上扩散,利于水汽在低层凝结。

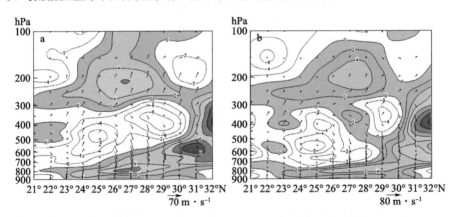

图3 垂直涡度(线条+填色,单位:10^{-5} s^{-1})和水平风 v(单位:m·s^{-1})
与垂直速度 ω(单位:hPa·s^{-1})沿105°E垂直剖面分布合成配置(箭头)
(a)2008年1月24日20时;(b)25日08时

温度垂直分布表明贵州西部上空为弱的静止锋等温区,24日20时—25日08时静止锋位置基本维持不变。在850 hPa水汽汇合于冷暖平流汇合的区域,冷暖平流汇合区域基本维持在贵州省的西部不变。

相对湿度垂直分布(图4)和水汽的垂直输送表明,在近地层有薄的水汽汇合层,近地层相对湿度接近饱和,在中低层为一干层,由于静止锋造成的抬升有限,只能造成近地层微弱的湿空气抬升,中低层干层的存在阻止水汽向上输送,抑制了降水,并使得层结稳定,近地层温度较低,使得水汽凝结成雾,因此出现了近地层微弱降水和雾的同时存在,为雨雾。

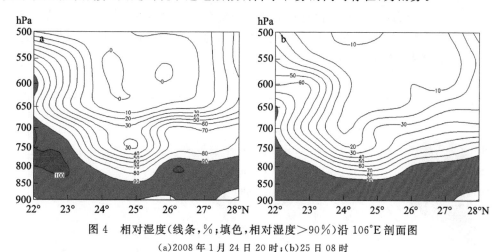

图4 相对湿度(线条,%;填色,相对湿度>90%)沿106°E剖面图
(a)2008年1月24日20时;(b)25日08时

根据以上分析,此类雾形成期间静止锋强度和位置均维持,静止锋造成的近地层水汽辐合抬升受到中层下沉气流的阻挡,水汽在低层凝结,一般伴有降水,逆温主要为静止锋锋面逆温,饱和层在近地层。

4.2.2 个例2

2008年6月27日20时—28日08时,近地层对应高压环流弱的负涡度区,垂直速度为弱的下沉运动,表明大气稳定,弱的下沉运动能阻止水汽向上扩散(图5)。

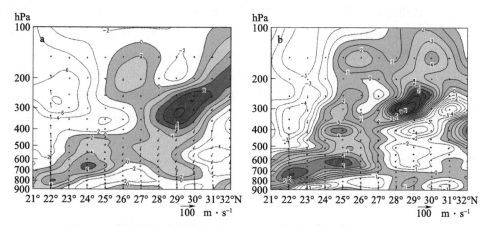

图5 垂直涡度(线条+填色,单位:10^{-5} s^{-1})、水平风 v(单位:m·s^{-1})
与垂直速度 ω(单位:hPa·s^{-1})沿105°E垂直剖面分布合成配置(箭头)
(a)2008年6月27日20时;(b)28日08时

27日20时—28日08时,有一冷空气堆向下输送,表明大气的辐射冷却,导致低层出现等温到2 ℃左右的逆温。

27日20时,850 hPa在贵州几乎为水汽的辐散区,冷平流控制贵州西部,在贵州南部边缘有暖平流,到28日08时,冷平流进一步南移到贵州南部,并有水汽汇合。

说明这种辐射逆温是由于冷空气南压下沉,水汽向下汇合,在大气近地层出现了弱的水汽湍流汇合,在大气近地层凝结成雾。

相对湿度垂直分布(图6)和水汽垂直输送的分析表明,此类雾由于中低层气流下沉,中低层逐步变干,低层水汽聚集,在近地层形成很薄的饱和层,水汽凝结形成雾。辐射雾湿层较薄,整层为下沉气流控制,逆温主要由下沉逆温形成。

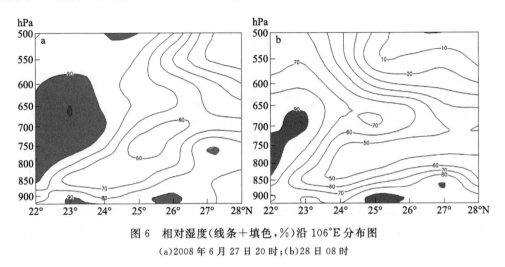

图6 相对湿度(线条＋填色,%)沿106°E分布图
(a)2008年6月27日20时;(b)28日08时

5 静止锋雾和辐射雾的地面气象要素指标分析

实际上在大范围的同一天气形势下雾的发生区域较小,根据研究分析发现雾的发生除与天气学背景有关外,还与地面气象要素密切相关[13],对所分析的个例按锋面雾和辐射雾分类对发生雾和未发生雾的站点的关键气象因子进行了比较分析。

静止锋雾的关键气象因子包括气温、风、相对湿度、本站气压、降水等。辐射雾的关键气象因子包括辐射冷却条件、湿度、风压场条件等。因此对静止锋雾选取当日降水量、气温日较差、气压差、平均相对湿度、平均风速等要素进行分析统计;对辐射雾选取气温日较差、气压差、平均相对湿度、最大(最小)相对湿度、前一日20时气温和当日08时气温差等要素进行比较分析。对同一日出现雾和未出现雾的站点进行比较,发现一些要素有着明显的区别,这些要素的指示意义对于大雾落区的精细化预报分析有着重要的作用。得出如下结论(表1、表2)。

表1 静止锋大雾过程出现和未出现的站的要素比较

要素	有雾站平均	无雾站平均
平均最低气温/℃	5.2	3.8
当日气温差/℃	3.9	4.9
平均相对湿度/%	92.1	83.9

表 2　辐射大雾过程出现和未出现的站的要素比较

要素	有雾站平均	无雾站平均
平均最低气温/℃	6.6	7.1
当日气温差/℃	11.2	10.8
当日 08 时与前一日 20 时温差/℃	−6.9	−5.5

5.1　静止锋雾的气象要素指标

在静止锋雾出现的当日和前一日各站基本都有降水,这一点有雾和无雾站没有明显区别,当日最高气温大致在 8~9 ℃,最低气温为 3~5 ℃,气温日较差大约在 4~5 ℃;然而无雾出现时最低气温较低,当日温差也较大,说明稳定的气温有利于静止锋雾的出现和维持。

有大雾的站当日平均相对湿度为 92.1%,而未出现雾的站相对湿度平均为 83.9%,可见本站相对湿度大易出现雾(表 1)。

因此最低气温、气温差、相对湿度等对于站点是否出现静止锋雾有着一定的指示意义。

5.2　辐射雾的气象要素指标

辐射雾并不一定伴随降水。日温差在 10 ℃ 以上,辐射降温的程度越强,当日温差越大,越有利于形成强度更强的雾。辐射雾一般形成于夜间到早晨,夜间辐射降温,水汽凝结,08 时气温较前一日 20 时降温的幅度在 5~7 ℃,有雾站均较无雾站降温幅度大 1 ℃ 左右,并且最低气温低有利于水汽凝结,易形成雾(表 2)。

可见最低气温、当日气温差、08 时气温较前一日 20 时气温差等对于同样的天气形势下是否出现辐射雾有着一定的指示意义。

6　结论和讨论

(1)本文根据对历史个例的分析总结,将安顺区域大雾区分为西部(西南部)静止锋雾、中部(减弱)静止锋雾和辐射雾,分别作出三种大雾形成过程的典型环流配置:西部(西南部)静止锋雾出现在静止锋稳定维持期间,主要是由于静止锋低层水汽抬升,中层下沉气流使水汽仅能在近地层较低的环境气温中凝结;中部静止锋出现时在南部往往有辐合切变,较强的暖湿平流出现在锋前,静止锋移动到中部,形成机制除有静止锋雾的机制外,还具有平流雾的特征,而辐射雾则整层为下沉气流,水汽饱和层很薄,由于下沉逆温使水汽集中于近地层,夜间辐射降温使水汽凝结而成雾。

(2)对在同一天气形势下发生雾和未发生雾的站点的关键气象因子进行了比较分析,分别找到一些静止锋雾和辐射雾的关键指标:最低气温、气温差、相对湿度等对于是否出现静止锋雾有着一定的指示意义;最低气温、气温差、08 时气温较前一日 20 时气温差等对于同样的天气形势下是否出现辐射雾有着一定的指示意义。

（3）以后的分析研究可以进一步对气象要素进行分析,形成阈值,进一步形成大雾预报中的预报指标判据。

参考文献

[1] 大气科学词典编委会.大气科学词典[M].北京:气象出版社,1994:677.

[2] 袁成松,卞光辉,冯民学,等.高速公路上低能见度的监测与预报[J].气象,2003,29(11):36-40.

[3] 彭双姿,伍小斌,杨敏,等.邵阳地区大雾天气气候特征分析[J].贵州气象,2012,36(2):33-35.

[4] 李子华,黄建平,孙博阳,等.辐射雾发展的爆发性特征[J].大气科学,1999,23(5):623-631.

[5] 周贺玲,李丽平,乐章燕,等.河北省雾的气候特征及趋势研究[J].气象,2011,37(4):462-467.

[6] 黄玉生,李子华,许文荣,等.西双版纳地区冬季辐射雾的初步研究[J].气象学报,1992,50(1):112-117.

[7] 陈光,房春花.2009年11月江苏南部一次大雾天气诊断分析[J].气象与环境学报,2011,27(1):54-57.

[8] 吴洪,柳崇健,邵洁,等.北京地区大雾形成的分析和预报[J].应用气象学报,2000,11(1):123-127.

[9] 毛冬艳,杨贵名.华北平原雾发生的气象条件[J].气象,2006,32(1):78-83.

[10] 黄培强,王伟民,魏阳春.芜湖地区持续性大雾的特征研究[J].气象科学,2000,20(4):494-502.

[11] 罗喜平,杨静,周成霞.贵州省雾的气候特征研究[J].北京大学学报(自然科学版),2008,44(5):765-772.

[12] 杨静,汪超.贵州山区一次锋面雾的数值模拟及形成条件诊断分析[J].贵州气象,2010,34(2):3-9.

[13] 吴兑,吴晓京,李菲,等.中国大陆1951—2005年雾与轻雾的长期变化[J].热带气象学报,2011,27(2):145-151.

第四部分

霜冻

■ 霜冻概述

霜冻是指生长季节里空气温度降到 0 ℃或 0 ℃以下,使植物受害的一种农业气象灾害,不管是否有霜出现。气象学上一般把秋季出现的第一次霜称作"早霜"或"初霜",把春季出现的最后一次霜称为"晚霜"或"终霜",从终霜到初霜的间隔时期,就是无霜期。安顺市最早初霜日(最晚终霜日)出现在安顺市城区,最晚初霜日(最早终霜日)出现在关岭县,无霜期从西北向东南增多。安顺市的平均初霜日随着年份的增加呈现推迟的趋势,终霜日呈现提前的趋势,无霜期出现明显的延长趋势。1987 年、1996 年安顺市初霜日分别出现了两次突变。

安顺市初霜日出现在 11 月下旬到 12 月上旬,平均初霜日为 12 月 3 日,平均终霜日为 2月 3 日。无霜期的均值为 337.8 d,无霜期在全市的长(短)分布与初霜日的晚(早),终霜日的早(晚)的地区存在基本的一致性,无霜期从西北向东南延长,最短为安顺城区 287.4 d,最长为东南部的关岭县 319.5 d,相差了 32.1 d。从安顺市的年平均温度分布来看,具有明显的纬向性,最低为位于西北部的安顺城区 14.2 ℃,最高为位于东南部的关岭县 16.4 ℃。年平均气温高低与霜期长短存在很好的对应关系,年平均气温低(高)的地区初霜早(晚),终霜晚(早),无霜期短(长)。本部分通过对安顺市霜冻研究,以期为安顺市的霜冻预报以及农业生产提供一定的科学依据。

安顺近 50 a 霜期特征及其对气温的响应

王兴菊[1]　李启芬[1]　白　慧[2]　周文钰[3]

(1. 安顺市气象局,安顺,561000;2. 贵州山地环境气候研究所,贵阳,550002;

3. 贵州省气象台,贵阳,550002)

摘　要:为了解安顺近 50 a 霜期变化特征及其对气候的响应,选取了 1970—2019 年安顺市实况资料以及美国国家环境预报中心(NCEP)再分析资料,采用线性倾向率和单相关以及环流等分析法,对近 50 a 安顺市初霜日、终霜日、无霜期等要素的时空分布特征及其对气温的响应进行分析,利用曼-肯德尔法(M-K 方法)对霜期的突变特征进行分析,并利用检验结果对 11 月的环流特征进行分阶段分析。结果表明:安顺市最早初霜日(最晚终霜日)出现在安顺市城区,最晚初霜日(最早终霜日)出现在关岭县,无霜期从西北向东南延长,年平均气温低(高)的地区初霜早(晚),终霜晚(早),无霜期短(长)。安顺市的平均初霜日随着年份的增加呈现推迟的趋势,终霜日呈现提前的趋势,无霜期出现明显的延长趋势。1987 年、1996 年安顺市初霜日分别出现了两次突变。结论:安顺市近 50 a 气温逐步升高导致了初霜日的推迟;安顺市初霜日提前期(推后期)的 500 hPa 高度场、气压距平场基本呈反位相分布。在 20°—40°N、110°—140°E 的区域初霜日提前期(推后期)的反位相特征很明显。该区域与安顺初霜日的提前期(推后期)呈正(负)相关的关系,定义该区域为安顺初霜日影响关键区。

关键词:初霜日,终霜日,无霜期

引言

霜冻是一种较为常见的农业气象灾害,是指空气温度突然下降,地表温度骤降到 0 ℃以下,使农作物受到损害,甚至死亡。气象学上一般把秋季出现的第一次霜称为"早霜"或"初霜",把春季出现的最后一次霜称为"晚霜"或"终霜",从终霜到初霜的间隔时期,就是无霜期[1]。很多学者对我国初霜变化特征、做了诸多研究。祁如英等[2]研究认为,青海近 40 a来初霜日大部地区明显推迟,无霜期和终霜日呈延长和提早的趋势。而范晓辉等[3]指出山西省终霜日亦显著提前。王国复等[4]对我国近 50 a 来霜期时空分布及变化趋势进行了分析,发现我国霜期在时间上呈缩短的趋势,在空间上呈自北向南、自高山向平原逐渐缩短的趋势。张波[5]等对贵州霜气候变化特征研究,发现贵州初霜日推迟、终霜日提前和无霜期延长。

本文在以上研究的基础上对安顺市 1970—2019 年的初霜日、终霜日、无霜期以及对气候的响应进行分析,并以初霜日 M-K 的突变点为依据,将安顺市近 50 a 11 月的环流特点分提前期、停滞期、推迟期 3 个阶段进行对比分析,寻找 3 个阶段的环流差异,并找出了安顺市初霜影响关键区,以期为安顺市的霜研究以及农业生产提供一定的科学依据。

1 数据来源与方法

1.1 数据来源

选取 1970—2019 年近 50 a 安顺市的每月的温度、初霜日、终霜日、海拔高度等资料以及 NCEP 再分析资料。

1.2 处理方法(相关分析)

为了更好地研究各气象要素对霜冻的影响,选取了安顺市 1970—2019 年全年的月平均最低气温及年平均最低气温,与初霜日、终霜日、无霜期等要素进行相关分析[6]。

见公式(1)。

$$r_{xy} = \frac{\sum\limits_{i=1}^{n}[(x_i - \overline{x})(y_i - \overline{y})]}{\sqrt{\sum\limits_{i=1}^{n}(x_i - \overline{x})^2}\sqrt{\sum\limits_{i=1}^{n}(y_i - \overline{y})^2}} \tag{1}$$

上式中,$\overline{x}$ 和 $\overline{y}$ 分别表示 2 个要素样本值的多年平均值,即:

$$\overline{x} = \frac{1}{n}\sum_{i=1}^{n}x_i, \quad \overline{y} = \frac{1}{n}\sum_{i=1}^{n}y_i$$

上式中,n 为年样本总数,r_{xy} 为要素 x 与 y 之间的相关系数,也就是表示两个要素之间的相关程度,其值介于 $[-1,1]$ 区间,$r_{xy} > 0$ 表示正相关,$r_{xy} < 0$ 表示负相关。

最后其结果采用,检验法对相关系数进行显著性水平检验其计算见公式(2)。

$$P = \frac{r_{xyz}}{\sqrt{1 - r_{xyz}^2}}\sqrt{n - m - 1} \tag{2}$$

梁苏洁等[7]在近 50 a 中国大陆冬季气温和区域环流的年代际变化研究中采用 M-K 检验等方法,将近 50 a 中国冬季气温划分为冷期、暖期和变暖停滞期。参照以上方法,结合贵州省初霜日的突变特点,将初霜日的变化大致分为提前期、推后期、停滞期 3 个阶段,并做以下定义:提前期定义为 1980—1988 年,推后期定义为 1989—2006 年,停滞期定义为 2007—2019 年。

2 安顺市霜时空分布特点

2.1 安顺市霜空间分布及与海拔的相关性分析

1970—2019 年安顺市初霜日主要出现在 11 月下旬到 12 月上旬,安顺市平均初霜日为 12 月 3 日。从安顺市初霜日距平图上可以看出(图 1a),与安顺市初霜日平均值相比,西北部(平坝、安顺、镇宁)3 站偏早 0.8~7.8 d,东南部(普定、关岭、镇宁)3 站偏晚 0.2~7.2 d,其中最早初霜日出现在安顺市城区(海拔 1431.1 m),为 11 月 26 日。最晚初霜日出现在关岭县(海拔

1197.6 m),为 12 月 10 日,两者相差约为 15 d。从初霜日的出现时间可以看出,纬度越高,初霜日出现越早,纬度越低,初霜日出现越晚。

安顺市平均终霜日为 2 月 3 日(图 1b),主要出现在 1 月下旬到 2 月上旬,与初霜日刚好相反,安顺西南部 3 站(镇宁、关岭、紫云)偏早 2.5~8.7 d,安顺东北部 3 站(平坝、安顺、普定)偏晚 2.6~8.4 d,其中最早终霜日出现在关岭县,为 1 月 25 日,最晚终霜日出现在安顺城区,为 2 月 11 日,两者相差约为 17 d。

安顺无霜期的均值为 337.8 d(图 1c),无霜期在全市的长(短)分布与初霜日的晚(早),终霜日的早(晚)的地区存在基本的一致性,无霜期从西北向东南增多,最短为安顺城区 287.4 d,最长为东南部的关岭县 319.5 d,相差了 32.1 d。

从安顺市的年平均温度分布来看(图 1d),具有明显的纬向性,最低为位于西北部的安顺城区 14.2 ℃,最高为位于东南部的关岭县 16.4 ℃。年平均气温高低与霜期长短存在很好的对应关系,年平均气温低(高)的地区初霜早(晚),终霜晚(早),无霜期短(长)。

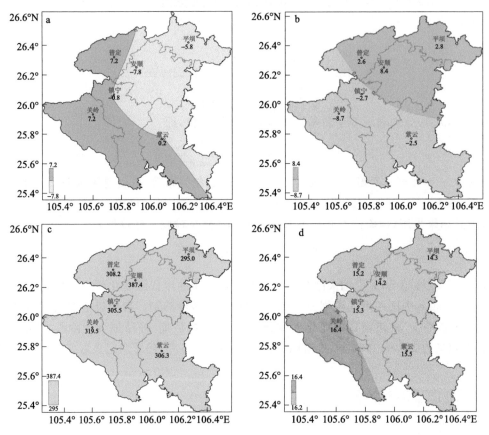

图 1　1970—2019 年安顺市初霜日距平(a)、终霜日距平(b)、无霜期(c)及年平均气温(d)的空间分布

对安顺市 6 个站点的初霜日、终霜日、无霜期、年平均气温做相关性分析(表 1),无霜期与初霜日、年平均气温呈正相关,并通过了 $P<0.01$ 的显著性检验;与终霜日呈负相关,通过了 $P<0.05$ 的显著性检验。年平均气温与初霜日呈正相关,通过了 $P<0.05$ 的显著性检验,与无霜期呈正相关,通过了 $P<0.01$ 的显著性检验,与终霜日呈负相关,通过了 $P<0.01$ 的显著性检验。

表 1　安顺市各要素相关系数表

项目	终霜日	无霜期	年平均气温
初霜日	−0.67	0.92**	0.84*
终霜日	1.00	−0.91*	−0.93**
无霜期	−0.91*	1.00	0.97**
年平均气温	−0.93**	0.97**	1.00

注:**在0.01级别(双尾)相关性显著;*在0.05级别(双尾)相关性显著。

2.2　年际变化

为了更好地了解安顺初霜日的年际变化特点,将6个站点的初霜日进行区域平均(图2),安顺市的平均初霜日随着年份的增加呈现推迟的趋势,倾向率为6.2 d·(10 a)$^{-1}$,每10 a推迟约6.2 d,50 a推迟了大约31 d,初霜日与年份的相关系数为0.35,通过$P<0.05$的显著性检验。其中平均初霜日最早为1970年10月4日,最晚为1997年1月22日,最晚初霜日与最早初霜日相差了111 d。

近50 a的终霜日呈现提前的趋势,提前的倾向率为1.4 d·(10 a)$^{-1}$,每10 a大约提前1.4 d,50 a提前了大约7 d,未通过$P<0.05$的显著性检验。其中最早终霜日为1990年12月6日,最晚为1970年4月14日,最晚终霜日与最早终霜日相差了129 d。

初霜日的推迟和终霜日的提前,使得安顺市无霜期出现明显的延长趋势,倾向率为7.6d·(10 a)$^{-1}$,每10 a延长约7.6 d,50 a延长了约38 d(未通过$P<0.05$的显著性检验),无霜期的长短呈现明显的年际变化,21世纪之前的平均值为274.8 d,21世纪之后的无霜期的平均值为281.7 d,最短的为1977年148 d,最长为2017年348 d,两者相差了近200 d。

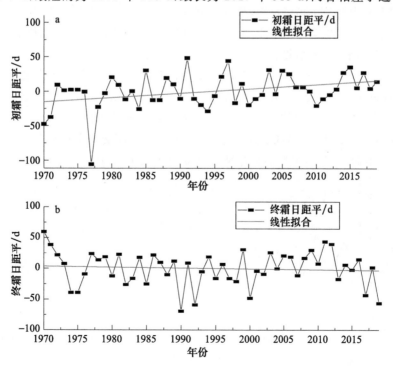

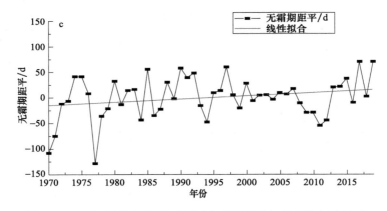

图 2　1970—2015 年安顺市初霜日(a)、终霜日(b)、无霜期(c)年变化

2.3　M-K 突变检验

为了更好地了解安顺市初霜日的突变情况,对安顺市初霜日进行了 M-K 分析检测(图 3a,图中 UF 和 UB 统计量是用于分析时间序列数据中趋势的非参数统计量。通过比较 UF 和 UB 的绝对值与 1.96 的大小,可以判断数据中是否存在显著的趋势。下同。),从检测结果可以看出,在 1970—1987 年大部分年份的初霜日都早于安顺市的平均初霜日 12 月 3 日,此阶段的平均初霜日为 11 月 24 日,存在明显提前趋势,之后呈推迟趋势。正反序交点在 1987 年,且位于信度线之间,即为初霜日的第一次突变点,突变后比突变前推迟了 14 d,可以将这一阶段定义为安顺市初霜日的提前期。1987—1996 年初霜日呈现多波动的趋势,此阶段平均初霜日为 12 月 4 日,接近于安顺市平均初霜日,可以将这一阶段定义为安顺市初霜日的停滞期。第二次明显的突变点出现在 1996 年,位于信度线之间再次出现突变,突变后初霜日推迟了 24 d,此次突变后到 2019 年的平均霜期为 12 月 10 日,比全市的平均霜期推迟了 7 d,定义这一阶段为安顺市初霜日的推后期。

终霜日在 1987 年、1996 年出现了两次突变(图 3b)。在 1987 年开始出现了明显提前的趋势,正反序交点位于信度线之间,即为终霜日的第一次突变点,突变后比突变前提前了 20 d。第二次突变点位于 1996 年,也位于信度线内,突变后比突变前提前了 23 d。

无霜期在 2005—2007 年出现了延长趋势(图 3c),正反序交点出现在 2006 年,位于信度期内,2006 年为无霜期突变点,突变后无霜期比突变前延长了 11 d。

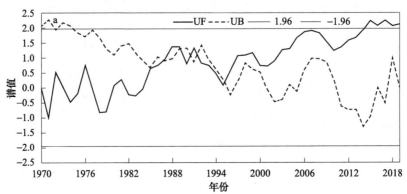

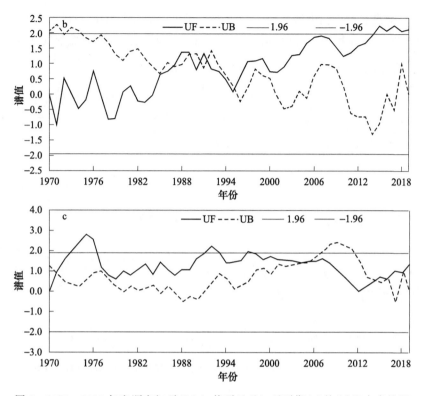

图 3 1970—2019 年安顺市初霜日(a)、终霜日(b)、无霜期(c)的 M-K 突变检测

3 气候变暖初霜日的影响分析

3.1 气温年际变化

为了研究气候变化对初霜日的影响,选取了安顺市 1970—2019 年的全年的月平均气温和月最低气温与初霜日进行相关性分析,其中 1 月、11 月的平均最低气温以及年平均最低气温通过了检验,其中 11 月的相关系数最高,并通过 $P<0.01$ 的显著性检验,初霜日的变化对低温的依赖性较强,尤其是每年初霜日开始前的 11 月低温。

取相关性最高的 11 月平均最低气温、年平均最低气温进行分析,发现变化趋势均呈现逐步增高。其中 11 月的倾向率约为 $0.04\ ℃\cdot(10\ a)^{-1}$(图 4a),每 10 a 升温约 0.4 ℃,近 50 a 的 11 月平均最低气温升温约 2 ℃,与年份的相关系数为 0.51,通过 $P<0.01$ 的显著性检验。年平均最低气温的倾向率为 $0.02\ ℃\cdot(10\ a)^{-1}$(图 4b),每 10 a 升温约 0.2 ℃,50 a 平均最低气温升温约 1 ℃,与年份的相关也通过 $P<0.01$ 的显著性检验,相关系数约为 0.7,属于高度显著相关。说明近 50 a 安顺的气候随年份在明显变暖。

3.2 M-K 突变检验

对近 50 a 的年平均最低气温、11 月平均最低气温做 M-K 检验,年平均气温的正反序交点在

1994 年(图 5a),但没有位于信度线之间。11 月平均最低气温(图 5b)的正反序交点也在 1994 年,且位于信度线之间,1994 年为 11 月平均最低气温的突变点,突变后比突变前气温升高了 3 ℃。

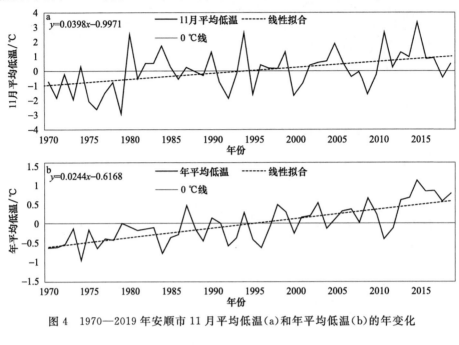

图 4　1970—2019 年安顺市 11 月平均低温(a)和年平均低温(b)的年变化

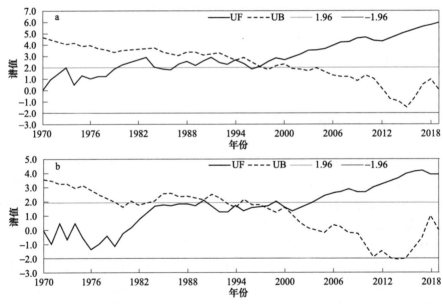

图 5　1970—2019 年安顺市 11 月平均最低气温(a)和年平均最低气温(b)的 M-K 突变检测

通过以上分析可以看出,近 50 a 安顺气温的明显变暖尤其是 11 月平均最低气温的明显升高与初霜日在年际变化上有很好的相关性,安顺市 11 月平均最低气温的突变点在 1994 年,1996 年安顺市初霜日也出现突变,突变后初霜日推迟了 24 d,对气候变暖的响应很明显。气温高的年份初霜日晚,气温低的年份初霜日早。安顺市初霜日的推迟是由于气温逐步升高引起的,其中 11 月平均最低气温的贡献率大于其他的温度因子。

4 冷暖期环流对比分析

本文将根据初霜日的 M-K 检验结果,对与安顺市初霜日通过温度相关性检验的 11 月环流进行分析,将 1970—2019 年近 50 a 11 月的平均值作为气候平均态,对初霜日的提前期、停滞期、推后期 3 个时期的 500 hPa 高度、海平面气压距平场进行分析。从 500 hPa 的风场和高度场距平合成图上可以看出:提前期与推后期在 10°—70°N、120°—150°E 的区域呈负正负(正负正)的分布,提前期与推后期呈反位相分布,停滞期与推后期位相接近,但推后期位于东亚大槽地区的正距平中心比停滞期偏强,说明提前期、停滞期、推后期东亚大槽强度在逐步减弱,中纬地区距平值也在逐步减弱。

在提前期(图 6a),东亚大槽处于负距平中心,说明此阶段东亚大槽偏强,到了中纬地区的 20°—40°N 区域,整个中纬度地区都为正距平,正距平中心值达到了 15 gpm,贵州靠近正距平中心,在提前期整个中纬地区受干冷气团控制,配合偏强的东亚大槽,有利于霜冻的产生。

停滞期东亚大槽的位置为正距平控制(图 6b),东亚大槽偏弱;到了中纬地区 30°—50°N 的范围基本都为负距平控制,中心值达到 −21 gpm,说明该来自北方的干冷空气偏弱;低纬地区在(10°—30°N,100°—130°E)有一块中心值 18 gpm 的正距平中心,正负距平的交界线位于贵州范围内,贵州区域西北部为负距平,南部为正距平,说明贵州不是受同一气团控制,可能有冷暖空气的交汇,加上北方冷空气偏弱,不利于霜冻的产生。

停滞期与推后期位相接近,但推后期在(10°—25°N,120°—160°E)的区域为正距平(图 6c),中心值为 9 gpm,说明该区域的反气旋环流偏强,贵州位于该反气旋环流的西北侧,可能产生阴雨天气,不利于霜冻的产生,所以在推迟期安顺市的初霜日推迟到了 12 月 10 日。

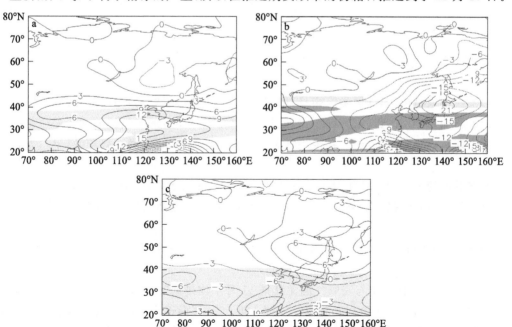

图 6 500 hPa 高度场距平提前期(a)、停滞期(b)、推后期(c)(线条,单位:gpm;填色,通过 5%的显著性检验)

从 3 个时期的海平面气压距平合成场分布来看(图 7),提前期(推后期)的气压距平场也基本呈反位相分布,提前期(推后期)从中纬到低纬呈现正负(负正)的分布,停滞期与推迟期基本同位相。在 20°—40°N、110°—140°E 的区域提前期(推后期)反位相特征很明显,且正距平的大值中心都位于该区域。该区域在提前期(推后期)与安顺初霜日呈正(负)相关的关系,定义该区域为安顺初霜日影响关键区。

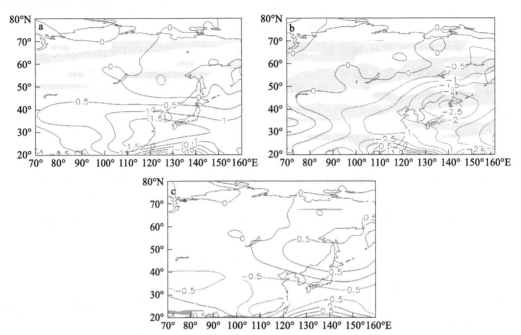

图 7　海平面气压场距平提前期(a)、停滞期(b)、推后期(c)(线条,单位:hPa;填色,通过 5% 的显著性检验)

5　结论

(1)安顺市最早初霜日(最晚终霜日)出现在安顺市城区,最晚初霜日(最早终霜日)出现在关岭县,无霜期在全市的长(短)分布与初霜日的晚(早),终霜日的早(晚)的地区存在基本的一致性,无霜期从西北向东南增多,年平均气温低(高)的地区初霜早(晚),终霜晚(早),无霜期短(长)。

(2)安顺市的平均初霜日随着年份的增加呈现推迟的趋势,倾向率为 6.2 d·(10 a)$^{-1}$;终霜日呈现提前的趋势,提前的倾向率为 1.4 d·(10 a)$^{-1}$;无霜期出现明显的延长趋势,倾向率为 7.6 d·(10 a)$^{-1}$。

(3)安顺市初霜日、终霜日都分别在 1987 年、1996 年出现了两次突变,无霜期在 2006 年出现了突变。

(4)近 50 a 初霜日变化与安顺气温尤其是 11 月平均最低气温有很好的相关性,气温高的年份初霜日晚,气温低的年份初霜日早。安顺市近 50 a 气温逐步升高导致了初霜日的推迟。

(5)安顺市提前期(推后期)的 500 hPa 高度、海平面气压距平场基本呈反位相分布,提前期(推后期)从中纬到低纬呈现正负(负正)的分布,停滞期与推迟期基本同位相。在 20°—40°N、

110°—140°E 的区域提前期(推后期)反位相特征很明显。该区域在提前期(推后期)与安顺初霜日呈正(负)相关的关系,定义该区域为安顺初霜日影响关键区。

参考文献

[1] 姬兴杰,李凤秀,王纪军.1971—2010年河南省霜期的时空分布特征及其对气温的响应[J].气象与环境学报,2015,31(1):67-75.

[2] 祁如英,李应业,汪青春.青海近40年来霜对气温、降水变化的响应[J].气候与环境研究,2011,16(3):347-352.

[3] 范晓辉,王麒翔,王孟本.山西省近50年无霜期变化特征研究[J].生态环境学报,2010,19(10):2393-2397.

[4] 王国复,许艳,朱燕君,等.近50年我国霜期的时空分布及变化趋势分析[J].气象,2009,35(7):61-67.

[5] 张波,于飞,吴战平,等.贵州霜冻气候变化特征[J].浙江农业学报,2020,32(4):685-695.

[6] 曲成军,林嘉楠,赵广娜.近50年黑龙江省初霜日变化影响因子及预测模型建立的研究[J].自然灾害学报,2019,28(3):205-213.

[7] 梁苏洁,丁一汇,赵南,等.近50 a中国大陆冬季气温和区域环流的年代际变化研究[J].大气科学,2014,38(5):974-992.

贵州省 1980—2019 年霜冻气候特征分析

王兴菊[1] 白 慧[2] 罗喜平[3] 李启芬[1] 周文钰[4] 符凤平[1]

(1. 安顺市气象局,安顺,561000;2. 贵州山地环境气候研究所,贵阳,550002;

3. 贵州省人工影响天气办公室,贵阳,550002;4. 贵州省气象台,贵阳,550002)

摘 要:选取 1980—2019 年贵州省 84 个国家级气象观测站的资料,采用线性倾向率、单相关分析、M-K 检验等方法,对贵州省的初霜日、终霜日、无霜期、霜冻日数的时空分布特征及其对气温的响应进行分析。结果表明:贵州省年霜冻日数与海拔高度呈显著性正相关,呈西多东少分布特征,大值区主要集中分布在西北部的赫章县和威宁县;霜冻日数、初霜日、终霜日出现频率最高的月份分别为 12 月、10 月、3 月。1980—2019 年贵州省气候趋势为初霜日推迟,终霜日提前,无霜期延长,气温变暖;其中初霜日在 1989 年出现突变,突变后初霜日推迟;终霜日出现多个瞬间突变点,年际突变特征不如初霜日明显;无霜期在 1991 年出现了突变,突变后无霜期延长了 54 d;9 月、10 月低温与初霜日呈正相关,其中 9 月低温相关系数高于其他气候因子。提前期与推后期在高度距平场上环流形势大致相反;停滞期在高纬地区与提前期接近;贝加尔湖附近的区域为贵州省初霜日影响关键区。

关键词:初霜日,终霜日,霜冻,贵州

引言

霜是指夜间地面冷却到 0 ℃以下时,空气中的水汽凝华在地面或地物上而成的冰晶[1]。霜冻与霜不同,它是指空气温度突然下降,地表温度骤降到 0 ℃或 0 ℃以下,使农作物受到损害,甚至死亡。霜冻多出现在春秋转换季节,当白天气温高于 0 ℃,夜间气温短时间降至℃以下时的低温危害现象[2]。气象学上一般把秋季出现的第一次霜称为"早霜"或"初霜",把春季出现的最后一次霜称为"晚霜"或"终霜",从终霜到初霜的间隔时期,就是无霜期[3]。IPCC 第五次评估报告指出:1880—2012 年期间全球平均陆地和海洋表面温度升高 0.85 ℃。全球几乎所有的地区都经历了地表增暖过程,气候变暖在一定程度上改变了初霜日、终霜日以及无霜期的长短[4]。很多学者对我国初霜日、终霜日以及无霜期的变化做了诸多研究,取得了很多有价值的成果[5-25]。叶殿秀等[26]认为,过去 47 a 中国平均初霜日推迟 1.3 d·(10 a)[-1],终霜日提前 2.0 d·(10 a)[-1],无霜期延长 3.4 d·(10 a)[-1],初霜日推迟幅度小于终霜日提早幅度;钱锦霞等[27]研究指出,山西无霜期呈明显的延长趋势,初霜日呈显著的推后趋势,而终霜日的变化则以波动为主,三者的突变年明显;郑玉萍等[28]研究发现近 53 a 来,乌鲁木齐农区霜冻的变化特征和未来变化趋势对农业生产整体有利。慕臣英等[29]研究认为:近 57 a 来,沈阳地区霜冻初日呈推迟趋势,霜冻终日呈显著提前趋势,导致无霜冻期显著延长。马尚谦等[30]对甘肃省霜冻研究认为,在未来,初霜冻日期推迟,终霜冻日期提前,无霜冻日数延长,但变化幅度略

有差异。张波等[31]、陈静等[32]对贵州霜期变化和时空分布特征做过一些研究。以上研究更多集中于时空分布特征及变化趋势的分析,没有对引起这些变化的成因做进一步的研究。

在以上研究的基础上,本文除了常规的霜冻特征分析,增加了贵州省初霜日对全球气候变暖响应的研究以及贵州省初霜日处于提前期、推后期、停滞期 3 个阶段的环流形势对比分析,找出了影响贵州省初霜日的关键区,以期为贵州省霜冻的研究分析提供一定的科学依据。

1 数据来源与方法

1.1 数据来源

站点资料为贵州省气象信息中心提供的 1980—2019 年贵州省 84 个国家级气象观测站的逐日平均气温、降水量和逐月霜冻日数等资料。格点资料为美国国家环境预报中心和国家大气研究中心(NCEP/NCAR)提供的逐月再分析资料,包括 500 hPa 位势高度、海平面气压(SLP),空间分辨率为 2.5°×2.5°。

1.2 相关分析

为了更好地研究各气象要素对霜冻的影响,选取 1980—2019 年贵州省的月平均气温及最低气温,秋季平均气温、降水量等因子与初霜日进行相关性分析。

见公式(1)。

$$r_{xy} = \frac{\sum\limits_{i=1}^{n} \left[(x_i - \overline{x})(y_i - \overline{y}) \right]}{\sqrt{\sum\limits_{i=1}^{n} (x_i - \overline{x})^2} \sqrt{\sum\limits_{i=1}^{n} (y_i - \overline{y})^2}} \tag{1}$$

上式中,$\overline{x}$ 和 $\overline{y}$ 分别表示 2 个要素样本值的多年平均值,即:

$$\overline{x} = \frac{1}{n}\sum\limits_{i=1}^{n} x_i, \qquad \overline{y} = \frac{1}{n}\sum\limits_{i=1}^{n} y_i$$

上式中,n 为年样本总数,r_{xy} 为要素 x 与 y 之间的相关系数,也就是表示两个要素之间的相关程度,其值介于 $[-1,1]$ 区间,$r_{xy}>0$ 表示正相关,$r_{xy}<0$ 表示负相关。

最后对其结果的相关系数进行显著性水平检验,计算见公式(2)。

$$P = \frac{r_{xyz}}{\sqrt{1 - r_{xyz}^2}} \sqrt{n - m - 1} \tag{2}$$

2 贵州省霜冻时空分布特点

2.1 初霜日和终霜日等级分析

1980—2019 年贵州省初霜日集中分布在每年的 9—12 月,平均初霜日为 11 月 1 日,最早初霜日出现在 1984 年 9 月 2 日,最晚初霜日出现在 2005 年 12 月 23 日,初霜日的最长时间跨度长达 111 d。终霜日分布在每年的 2—5 月,平均终霜日为 4 月 15 日,最早终霜日出现在 2000 年 2 月 17 日,最晚终霜日出现在 1997 年 5 月 29 日,终霜日的最长时间跨度长达 101 d。

为了更好地定性贵州省初霜日出现的早晚,参考曲成军等[33]在近 50 a 黑龙江省初霜日变化影响因子及预测模型建立的研究的分级方法,将贵州省初霜日和终霜日划分为 5 级。即 11 月 1 日±5 d 出现的初霜日定为正常,较 11 月 1 日±(5~10 d)定为初霜日出现较晚或较早,>10 d 或 <−10 d 定为出现最晚和最早级。依此将 1980—2019 年的初霜日、终霜日(表 1)出现划分为最早(符号为“−2”)、较早(“−1”)、正常(“0”)、偏晚(“1”)、最晚(“2”)5 个等级。通过等级分析,发现 1980—1987 年贵州省初霜日普遍偏早,且有多数年份属于最早,1989—2006 年大部分年份属于最晚或正常,2007—2019 年后偏早或偏晚交替出现。终霜日随着年份的增加而提前的趋势很明显,2010 年以后终霜日级别基本都是正常或偏早、最早,没有推迟的年份。

表 1 1980—2019 年贵州省初霜日和终霜日等级

年份	初霜等级	终霜等级	年份	初霜等级	终霜等级	年份	初霜等级	终霜等级	年份	初霜等级	终霜等级
1980	−2	2	1980	0	2	2000	0	−2	2010	−2	0
1981	1	0	1991	0	−2	2001	2	−2	2011	1	−2
1982	0	2	1992	−2	0	2002	0	−2	2012	0	−1
1983	−2	−1	1993	0	−2	2003	2	−2	2013	−2	−2
1984	−2	2	1994	−2	−2	2004	2	2	2014	2	−2
1985	−2	−2	1995	1	−2	2005	2	0	2015	−2	0
1986	−2	2	1996	2	−2	2006	2	2	2016	2	−2
1987	−1	0	1997	2	2	2007	−2	2	2017	2	−2
1988	0	2	1998	−2	−2	2008	0	−2	2018	0	−2
1989	2	2	1999	2	2	2009	0	2	2019	0	−2

2.2 霜冻日数空间分布与海拔高度的相关性分析

通过对 1980—2019 年贵州省 84 个国家级气象站霜冻日数进行分析,发现贵州省累计霜冻日数偏多的站点主要分布在贵州省西北部,其中最多为赫章县的 1571 d;其次是威宁县,为 730 d;最少的是从江县 40 d,榕江县 75 d 次之。整个贵州省霜冻日数的分布呈现西北部多,东南部少,南部边缘最少的趋势(图 1)。

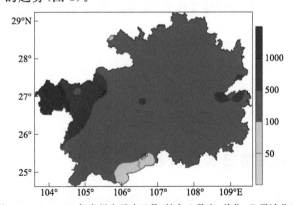

图 1 1980—2019 年贵州省霜冻日数(填色+数字,单位:d)累计分布

贵州省的初霜日和终霜日也主要分布在贵州省西北部的威宁县、赫章县和水城市,1980—2019年初霜日共出现了81(站)次,其中在这3个县出现了69(站)次,占85%;终霜日共出现了46(站)次,该地区共出现了43(站)次,占93%,说明终霜日和初霜日出现累计次数与海拔高度有很好的对应关系。将贵州省海拔高度与霜日数制作散点图(图2),发现1980—2019年台站的霜冻累计日数与海拔高度有较好的相关性,大部分的点都分布在一条直线附近,呈现正相关。

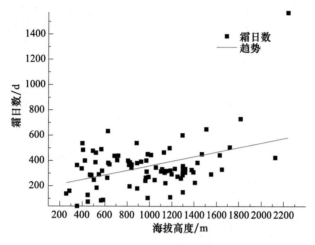

图2　1980—2019年贵州省海拔高度与霜日数的拟合

为了更好地了解海拔高度与各霜冻要素的关系,本文分别对1980—2019年贵州省84个国家级气象站、贵州省西部25站(毕节、六盘水、安顺)、贵州省东部26站(黔东南、铜仁)的霜冻、初霜、终霜的累计日数与海拔高度做了相关性分析(表2),除了贵州省东部的霜日数,其余均与海拔高度呈正相关(通过0.01显著性检验)。其中西部霜日数与海拔的相关性最好,相关系数为0.617,高于贵州省的0.408。霜冻初日、终日与海拔高度的相关系数接近,分别为0.286和0.285。东部的霜冻日数与海拔高度的相关性较差,相关系数为0.152,没有通过显著性检验。

表2　1980—2019年贵州省海拔高度与各霜要素相关系数

相关因子	全省霜日数	全省初霜日	全省终霜日	西部霜日数	东部霜日数
相关性系数	0.408**	0.286**	0.285**	0.617**	0.152

注:**表示通过0.01的显著性检验。

2.3　年际变化及M-K分析

如图3所示,通过分析1980—2019年贵州省的初霜日变化可以看出,初霜日的变化趋势是明显推迟,倾向率为6.7 d·(10 a)$^{-1}$(通过0.05显著性检验);终霜日则呈现明显提前的趋势,倾向率为−0.76 d·(10 a)$^{-1}$(通过0.05显著性检验);初霜日的显著推迟和终霜日的明显提前,使得无霜期出现了延长的趋势,无霜期的倾向率为1.4 d·(10 a)$^{-1}$(通过0.05显著性检验)。

为了进一步分析贵州省的霜期变化特点,对贵州省霜冻年际变化进行M-K突变检验分析,初霜日在1983—1988年存在短暂的提前(图4a,图中UF和UB统计量是用于分析时间序列数据中趋势的非参数统计量。通过比较UF和UB的绝对值与1.96的大小,可以判断数据中是否存在显著的趋势。下同。),之后以推迟趋势为主。在1989年出现突变,且位于信度线

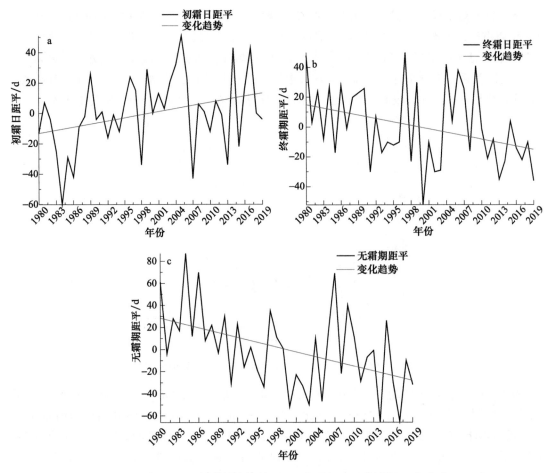

图 3 1980—2019 年贵州省初霜日(a)、终霜日(b)、无霜期(c)年变化

之间,即为初霜日的突变点,突变后比突变前推迟了 28 d,到了 2006 年以后明显推迟的趋势有所缓解。终霜日在 1990 年之前多波动,1990—1996 年终霜日提前,2004—2009 年终霜日出现短暂推迟,2010—2019 年终霜日再次提前,1980—2019 年终霜日整体呈现提前的趋势,出现多个瞬间突变点,年际突变特征不如初霜日明显(图 4b)。无霜期在 1990 年之前呈现波动趋势,在 1991 年出现了突变,突变后无霜期比突变前延长了 54 d,2005—2009 年无霜期出现短暂变短(图 4c)。

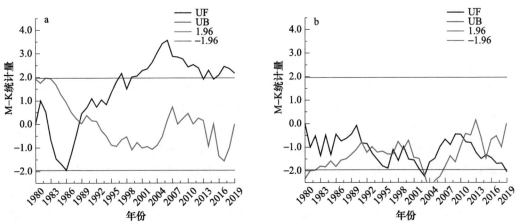

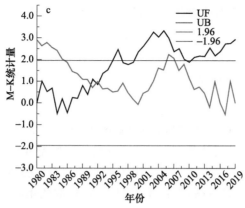

图4　1980—2019年贵州省初霜日(a)、终霜日(b)、无霜期(c)的M-K突变曲线

梁苏洁等[34]在近50 a中国大陆冬季气温和区域环流的年代际变化研究中采用M-K检验等方法,将近50 a中国冬季气温划分为冷期、暖期和变暖停滞期。参照以上方法,结合贵州省初霜日的突变特点,将初霜日的变化大致分为提前期、推后期、停滞期3个阶段,并做以下定义:提前期定义为1980—1988年,推后期定义为1989—2006年,停滞期定义为2007—2019年。

2.4　月频率变化特点

利用1980—2019年贵州省月资料,研究贵州省霜冻、初霜日、终霜日各月频率及频率增长量的变化情况。可以看出(图5a),霜日数在9—12月频率逐步增加,12月出现的频率最高,达到了40%,次年1—3月频率逐步减少;初霜日在9—11月频率呈现增加趋势,11月出现的频率最高,为42.5%,12月开始下降;终霜日频率在2—3月出现增长,频率最高值出现在3月,为47.5%,4月略有下降,5月再次增加到30%。

从频率增长量来看,每年1—5月霜冻的发生频率是逐步减小的,频率增长量均为负增长(图5b),尤其是4月、5月,频率仅为0.2%,发生的频率非常稀少,大部分发生在贵州省西北部的高海拔地区,基本上为贵州省的终霜日。9—12月,霜冻的发生频率呈明显增多趋势,月际频率增长量都为正增长,到了12月达到全年的峰值,频率为40.3%,超过了10%,已经不再是小概率事件了(<5%概率事件称为小概率事件)。初霜日的频率增长量在9—11月均为正值,12月为负值;终霜日频率增长量在2月、3月、5月为正增长,4月、6月为负增长。

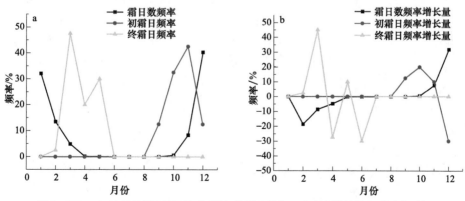

图5　1980—2019年贵州省霜日数、初霜日、终霜日频率(a)和频率增长量(b)的变化(%)

从 1980—2019 年贵州省累计霜冻日数、初霜日、终霜日月变化来看:出现频率最高的月份分别为 12 月、10 月、3 月。

3 初霜日对气候变化的响应

为了研究气候变化对初霜日的影响,选取贵州省 1980—2019 年的霜日数、降雪日数、气温、降水等因子与初霜日进行相关性分析(未通过检验的气温和降水因子选取部分在表中列出)(表 3),发现只有 9 月的平均气温,9 月、10 月的平均最低气温通过了 0.05 的显著性检验,其中 9 月的平均气温相关系数最高,为 0.39,可见初霜日的变化对气温的依赖性很强,尤其是每年 9 月、10 月霜冻发生前的气温。

表 3 1980—2019 年贵州省初霜日与各要素相关系数统计

初霜日相关因子	年霜日数	年降雪日数	年平均气温	9 月平均温度	10 月平均温度	秋季温度	9 月平均最低气温	10 月平均最低气温	秋季降水
相关性系数	−0.05	0.26	0.229	0.39*	0.23	0.3	0.36*	0.33*	−0.01

注:* 表示通过 0.05 的显著性检验。

通过对 1980—2019 年贵州省 9 月、10 月的平均最低气温以及年平均气温的倾向率分析可以看出,平均最低气温和平均气温均呈现逐步升高的趋势。其中 9 月平均最低气温的倾向率约为 0.3 ℃·(10 a)$^{-1}$,每 10 a 升温约 0.3 ℃,40 a 升温约 1.2 ℃,与年份的相关系数为 0.38(通过 0.05 显著性检验)(图 6a)。10 月平均最低气温的倾向率为 0.37 ℃·(10 a)$^{-1}$,每 10 a 升温约 0.37 ℃,40 a 升温约 1.6 ℃,与年份的相关系数为 0.45(通过 0.01 显著性检验)(图 6b)。全年平均气温的倾向率为 0.2 ℃·(10 a)$^{-1}$,每 10 a 升温约 0.2 ℃,40 a 升温约 0.8 ℃,与年份的相关系数为 0.76,属于高度显著性相关(通过 0.01 显著性检验),说明 1980—2019 年贵州省的气候在明显变暖(图 6c)。

通过以上分析可以看出,1980—2019 年贵州省初霜日的年际变化与气候的变暖存在明显的相关性,气温高的年份初霜日晚,气温低的年份初霜日早。贵州省初霜日的推迟是由于气温逐步升高引起的,其中 9 月平均气温的贡献率大于其他的气温因子。

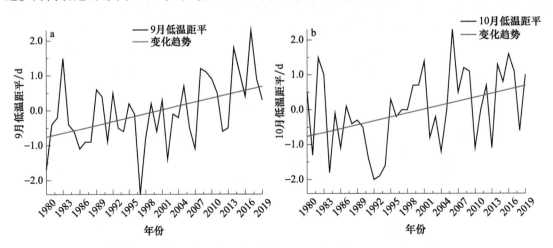

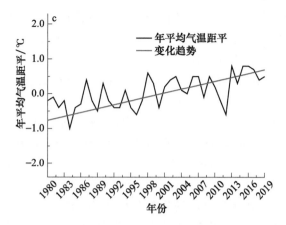

图 6　1980—2019 年贵州省 9 月平均最低气温(a)、10 月平均最低气温(b)、年平均气温(c)年变化

4　环流分析

　　为了更好地了解贵州省初霜日发生变化的成因,将与初霜日相关性最好的 9 月环流形势分提前期(图 7a)、推后期(图 7b)、停滞期(图 7c)3 个阶段进行分析(1980—2010 年的平均值作为气候平均态)。从 3 个阶段 500 hPa 的高度场距平和风场合成图上可以看出:提前期与推后期在高度距平场上有大致相反的环流形势,停滞期在高纬地区与提前期接近。

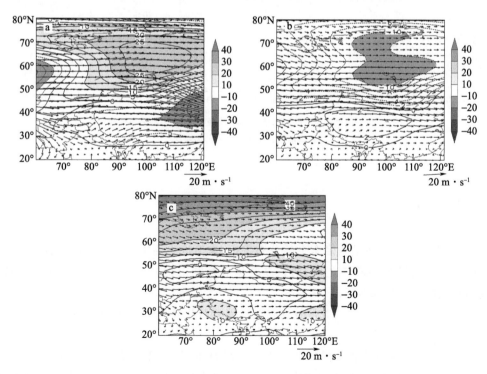

图 7　500 hPa 高度场距平(线条＋填色,单位:gpm)和风场(箭头,单位:m·s⁻¹)
(a)提前期;(b)推后期;(c)停滞期

在提前期的 500 hPa 高度距平合成图上,乌拉尔山到西伯利亚一带有明显的正距平,中心值为 25 gpm,东亚大槽明显偏强,有超过 −20 gpm 的负距平中心,东亚大槽槽后的西北气流有利于带动干冷空气南下。在中低纬地区以反气旋环流为主,贵州省位于反气旋环流中心,有利于晴好天气产生,配合北方南下的干冷空气,可能在贵州省形成霜冻天气。与提前期刚好相反,到了推后期,乌拉尔山到西伯利亚一带为明显的负距平中心,中心值为 −10 gpm,中纬度地区气流平直,北方南下的冷空气偏弱。低纬地区的环流特征与前期相比偏弱,不利于贵州省晴天形成,加上北方冷空气偏弱,不利于霜冻的产生,导致这一阶段贵州省初霜日的推迟。停滞期与提前期相似,高纬地区为正距平中心,中心值达到了 40 gpm;但东亚大槽偏弱,低纬地区的反气旋环流特征比推后期明显,所以停滞期的初霜日较提前期明显偏后,较推迟期提前。

从 3 个时期的海平面气压距平合成场分布来看,提前期(图 8a)(推后期)(图 8b)的气压距平场从高纬到低纬呈现正负正(负正负)的分布,在提前期(推后期)10°—40°N、70°—110°E 的区域为正(负)距平,而 20°—40°N、120°—140°E 为负(正)距平,停滞期(图 8c)的 10°—40°N、70°—110°E 区域在中高纬与提前期基本一致。从贵州省初霜日与海平面气压距平相关性检验来看,在贝加尔湖附近,50°—60°N、100°—120°E 的区域,通过了 5% 的显著性检验,在 3 个时期分别呈现正、负、正的相关,该区域海平面气压的强度决定了贵州省初霜日的早晚,定义贝加尔湖附近的区域为贵州省初霜日影响关键区。

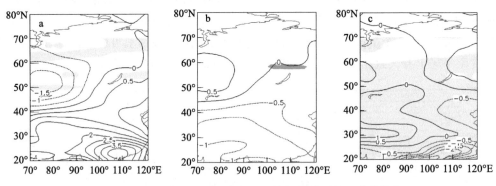

图 8　海平面气压距平(线条,单位:hPa;填色,通过 5% 的显著性检验)
(a)提前期;(b)推后期;(c)停滞期

5　结论与讨论

(1)贵州省年霜冻日数呈西多东少的分布特征,大值区主要集中分布在贵州省西北部的赫章县和威宁县。贵州省的霜冻日数与海拔高度呈显著性正相关,其中西部地区霜冻日数与海拔高度的相关性高于东部地区。

(2)1980—2019 年贵州省霜冻日数、初霜日、终霜日出现频率最高的月份分别为 12 月、10 月、3 月。

(3)1980—2019 年贵州省气候特征呈现出初霜日推迟、终霜日提前、无霜期延长、气温变暖的趋势;其中初霜日在 1989 年出现突变,突变后初霜日推迟;终霜日出现多个瞬间突变点,年际突变特征不如初霜日明显;无霜期在 1991 年出现了突变,突变后延长了 54 d;9 月、10 月低温与初霜日呈正相关,其中 9 月低温相关系数高于其他气候因子。

(4)提前期与推后期在高度距平场上呈现大致相反的环流形势,停滞期在高纬度地区与提前期接近。提前期(推后期)的气压距平场从高纬到低纬呈现正—负—正(负—正—负)的分布,贝加尔湖附近的区域为贵州省初霜日影响关键区。

参考文献

[1] 许艳,王国复,王盘兴.近 50 a 中国霜期的变化特征分析[J].气象科学,2009,29(4):4427-4433.

[2] 韩荣青,李维京,艾婉秀,等.中国北方初霜冻日期变化及其对农业的影响[J].地理学报,2010,65(5):525-532.

[3] 李想,陈丽娟,张培群,等.1954—2005 年长江以北地区初霜期变化趋势[J].气候变化研究进展,2008,4(1):21-25.

[4] 任月倩,韩会庆,白玉梅,等.1961—2015 年贵州省中西部初霜、终霜及霜期的时空演变[J].安顺学院学报,2020,22(1):128-131.

[5] 姬兴杰,李凤秀,王纪军.1971—2010 年河南省霜期的时空分布特征及其气温的响应[J].气象与环境学报,2015,31(1):67-75.

[6] 祁如英,李应业,汪青春.青海近 40 年来霜对气温、降水变化的响应[J].气候与环境研究,2011,16(3):347-352.

[7] 王艳秋,高玉中,潘华盛,等.气候变暖对黑龙江省主要农作物的影响[J].气候变化研究进展,2007,3(6):1-6.

[8] 张健,刘玉莲,宋丽华.黑龙江省秋季初霜冻的气候分析[J].黑龙江气象,2005,22(3):18-21.

[9] 韩荣青,李维京,艾婉秀,等.中国北方初霜冻日期变化及其对农业的影响[J].地理学报,2010,65(5):525-532.

[10] 李彩霞,李俏,孙天一,等.气候变化对黑龙江省主要农作物产量的影响[J].自然灾害学报,2013,23(6):200-208.

[11] 杜军,向毓意.近 40 年拉萨霜期变化的气候特征分析[J].应用气象学报,1999,10(3):379-383.

[12] 钱锦霞,武捷,班胜林.1951—2008 年太原市霜冻发生特征分析[J].中国农学通报,2009,25(10):287-289.

[13] 张磊,王静,张晓煜,等.近 50 a 宁夏初、终霜日基本特征及变化趋势[J].干旱区研究,2014,31(6):1039-1045.

[14] 朱伯承.统计天气预报[M].上海:上海科学技术出版社,1981:88-90.

[15] 梁吉业,冯晨娇,宋鹏,等.大数据相关分析综述[J].计算机学报,2016,39(1):1-18.

[16] 祁贵明,李海凤,雒维萍,等.柴达木盆地枸杞霜冻灾害风险区划[J].沙漠与绿洲气象,2020,14(4):131-137.

[17] 隆永兰,刘濛濛,张山清,等.1961—2015 年焉耆盆地霜冻气候分析[J].沙漠与绿洲气象,2017,11(1):81-86.

[18] 周成龙,钟昕洁,孙怀琴,等.库尔勒市霜冻特征及其驱动力分析[J].沙漠与绿洲气象,2018,12(3):82-86.

[19] 钱莉,杨鑫,滕杰.河西走廊东部一次霜冻天气过程成因及其对农业的影响[J].沙漠与绿洲气象,2019,13(5):114-121.

[20] 郑玉萍,宫恒瑞,曹兴,等.近 53 a 乌鲁木齐农区霜冻变化特征[J].沙漠与绿洲气象,2015,9(1):52-57.

[21] 楼俊伟,张鑫,王可欣,等.1951—2016 年秦巴山区霜期变化的时空特征分析[J].沙漠与绿洲气象,2019,13(5):82-88.

[22] 潘华盛,林谦,李彩霞,等.气候变化(暖)对黑龙江粮食生产的影响及适应对策[J].黑龙江大学工程学报,2014,5(4):8-13.

[23] WOOLWAY R I,DOKULIL M T,MARSZELEWSKI W,et al.Warming of central European lakes and their response to the 1980s climate regime shift[J].Climatic Change,2017,142(34):505-520.

[24] HAN R,LI W,AI W,et al.The climatic variability and influence of first frost dates in northern China[J].Acta Geographica Sinica,2010,65(5):525-532.

[25] ZHANG D,XU W,LI J,et al.Frost-free season lengthening and its potential cause in the Tibetan Plateaufrom 1960 to 2010[J].Theoretical & Applied Climatology,2014,115(3-4):441-450.

[26] 叶殿秀,张勇.1961—2007年中国霜冻变化特征[J].应用气象学报,2008,19(6):661-665.

[27] 钱锦霞,张霞,张建新,等.近40年山西省初终霜日的变化特征[J].地理学报,2010,65(7):801-808.

[28] 郑玉萍,宫恒瑞,曹兴,等.近53 a乌鲁木齐农区霜冻变化特征[J].沙漠与绿洲气象,2015,9(1):52-57.

[29] 慕臣英,纪瑞鹏,周晓宇,等.1960—2016年沈阳地区霜冻初终日和无霜冻期时空特征[J].干旱气象,2018,36(2):290-294.

[30] 马尚谦,张勃,刘莉莉,等.甘肃省霜冻日期时空变化特征及影响因素[J].高原气象,2019,38(2):397-409.

[31] 张波,于飞,吴战平,等.贵州霜冻气候变化特征[J].浙江农业学报,2020,32(4):685-695.

[32] 陈静,白慧,潘徐燕.贵州省霜冻天气的时空分布与气候变化特征[J].贵州气象,2016,40(3):66-69.

[33] 曲成军,林嘉楠,赵广娜.近50 a黑龙江省初霜日变化影响因子及预测模型建立的研究[J].自然灾害学报,2019,28(3):205-213.

[34] 梁苏洁,丁一汇,赵南,等.近50 a中国大陆冬季气温和区域环流的年代际变化研究[J].大气科学,2014,38(5):974-992.